"十二五"职业教育国家规划教材

经全国职业教育教材审定委员会审定

高等职业教育艺术设计类专业系列教材

城市景观设计

主　编　胡　佳

参　编　彭　洁　许孝伟　陈伟平

主　审　夏万爽

U0240646

机械工业出版社

本书主要包括课程概述，综合论述该门课程的培养目标、学习模式及教学中的重点与难点；城市景观设计的基本原理和设计方法，以诸多优秀的实际案例从多个角度阐述城市景观所具备的特征和要素，紧扣最新的设计理念；最后选取中国美术学院艺术设计职业技术学院和广东轻工职业技术学院两所学校的课程作业，通过评析来巩固对知识的理解。

本书可以作为高等职业教育院校环境艺术设计、城市园林、城镇规划等专业的教学用书，也可以作为相关专业的学生扩展知识面的教学参考资料，具有较强的实用性和针对性。

图书在版编目（CIP）数据

城市景观设计/胡佳主编． —北京：机械工业出版社，2013.8（2022.10重印）
高等职业教育艺术设计类专业系列教材
ISBN 978-7-111-43504-4

Ⅰ．①城…　Ⅱ．①胡…　Ⅲ．①城市景观—景观设计　Ⅳ．①TU-856

中国版本图书馆CIP数据核字（2013）第175892号

机械工业出版社（北京市百万庄大街22号　邮政编码100037）
策划编辑：李　莉　常金锋　责任编辑：李　莉　王　一
责任校对：王　欣　　　　　封面设计：鞠　杨
责任印制：常天培

固安县铭成印刷有限公司印刷

2022年10月第1版第5次印刷
210mm×285mm・10.25印张・328千字
标准书号：ISBN 978-7-111-43504-4
定价：48.00元

电话服务　　　　　　　　网络服务
客服电话：010-88361066　机 工 官 网：www.cmpbook.com
　　　　　010-88379833　机 工 官 博：weibo.com/cmp1952
　　　　　010-68326294　金 书 网：www.golden-book.com
封底无防伪标均为盗版　机工教育服务网：www.cmpedu.com

前　言

　　城市景观设计是景观设计专业中一门十分重要的专业主干课。本书力求形成一个完整的景观设计体系，并附以大量的插图和优秀的设计范例，使学生对城市景观设计能有一个从理论到设计实践的全面了解。本书在教学内容的选择上遵循难易适中，并使学有余力的学生适当延展知识面的原则，在具体内容的编排结构上搭建几个平台，通过学习要求与目标的设定、学习要点与难点的掌握、思考与练习的安排，知识点和实际案例的导入，以及相关知识延伸链接等诸多形式，深入浅出地解析每个知识点。本书的教学案例来自中国美术学院艺术设计职业技术学院和广东轻工职业技术学院的学生作业，案例具有典型性和针对性强的特点，通过对学生案例的评析，有助于教师与学生一起把握对知识的理解以及掌握量与度的平衡，并为考查学习效果作参考。

　　本书以理论结合实践为主线，着重从城市景观的概念着手，由宏观角度出发，重点对城市景观设计的风格流派、城市中的各类园林绿地景观、道路景观、广场景观、居住景观、滨水景观、城市历史文化景观及城市综合环境景观各类专题进行设计解析，并紧扣时代脉搏，实用性强。

　　本书由胡佳担任主编，彭洁、许孝伟、陈伟平担任参编。本书中的图片除大部分为自拍外，个别图片引用于相关学科书籍，在此表示感谢。同时对教材编写过程中提供相关设计资料的杭州高境景观规划设计有限公司，帮助整理图片的俞卓君、杜杉等，以及帮助审稿的夏万爽教授在此一并致谢。

　　由于编者水平有限，书中难免有片面和不足之处，敬请广大读者和师长、同仁指正。

编　者

目　　录

课 程 概 述

一、培养目标

城市景观设计课程涵盖了城市景观的演变和发展、城市设计与规划、可持续发展的生态景观设计理念，以及各类城市景观设计的系统理论知识，具有较强的专业性。该课程在环境艺术设计专业背景下的景观设计教学体系中担当着重要的角色，通过学习必要的和基本的景观专业知识，丰富学缘结构与知识结构，充实和巩固环境艺术设计专业其他课程的知识内容。

通过课程各阶段的学习，使学生不断获得基本的知识技能，树立起从微观环境到宏观意识的概念。从最初景观概念的建立，到掌握城市景观设计的一般步骤和基本方法，有效地组织包括园林山水、硬质景观、景观建筑物及绿化在内的各种景观要素，协调城市景观环境与自然、社会、文化之间的有机联系，从而树立起人类与环境紧密结合的整体生态意识。该课程融科学性、创造性、艺术性、文化性于一体，通过理性思维和艺术表达相结合的训练方式，全面培养学生的综合能力，使学生的形象思维和科学思维得到协调发展，智力、创新、动手等能力不断提高，同时也使学生在今后的景观专业知识学习中，更有效率、更富创造性。

二、学习模式

以工作小组的形式，通过真实的命题设计实践，学生不仅可以将所学知识融入时代精神，符合社会需要，并能注重知识的连贯性，做到活学活用。教师在讲解设计案例时，要从立意、草图区块、深化节点到最后的表现，详细分析，必要时进行示范。学生在掌握了城市景观设计的基本要求后，能够延伸到更深层次的思考。该阶段的学习在培养学生的想象力、创造力及表现力的同时，也可以培养学生交流合作的能力。

在整个教学过程中，学生始终是学习的主体，在教师循序渐进的引导下，学生对城市景观设计的认知由浅入深并能进入到自主探究式学习的状态。

三、学习的重点与难点

城市景观设计与城市设计的关系极为重要，教学应该从规划、生态、美学等多个宏观角度紧随当代景观发展的趋势，以创造舒适的、健康的、安全的、可持续的、注重文化内涵的高品质环境为目标，并逐渐引导学生具备关注人与自然环境问题的思想。教学过程中应注意有的放矢。

该课程所学内容与相关专业，如规划、建筑、景观、园林等联系紧密，同时需要具备较高的文学、美学修养等其他方面的知识，涉及领域广泛。在课程教学上应注重理论与实际相结合，图片与文字并重来说明问题。学生在掌握了基本的功能结构后，应当注重对空间总体把握的操控程度和意境的创造，这一点相对具有一定的难度。作为教师，应当适当引导，善于发现学生思维过程中的亮点，帮助学生确立概念，并强调学生个性的发挥，通过对自然、文化、情感的理解，以设计来反映生活态度。

第一部分

认识与准备

单元概述

本单元精心安排了2个课题来介绍城市景观设计的基本内容，并根据课题类别提供了相关的参考实景资料。本单元涉及的城市景观发展演变线索可以作为重点来讲解。

学习目的

1. 通过该阶段的学习，学生基本掌握环境与景观之间的关系，通过对城市景观发展的了解，深化并树立生态环境景观的意识。

2. 掌握城市景观设计的基本设计元素、体系与设计导向等方面的知识，为进一步的学习打下基础。

课题一 城市景观设计的发展

 学习要求与目标

　　了解城市与景观的概念范畴，掌握城市景观演变与发展的脉络，能够对各时期的景观特征进行描述，形成一定的理论基础，为后期的设计创作奠定基础。

 学习要点与难点

　　理论的学习和理解需要一个较长的过程。在景观的演变与发展阶段，要重点学习各阶段的流派和主要设计人物，特别是从文艺复兴后期到现代城市景观的内容。每个阶段都有著名的设计大师出现，对于他们作品的理解和分析是该阶段的主要学习内容。将其消化吸收，突破理论学习的枯燥与授课形式的单一，关键点是兴趣培养。

1.1 城市与景观

　　城市是人们最重要的生活环境。过去，人们看重城市是因为城市是政治、经济、文化的中心，它具有现代文明的美。城市在发展平衡过程中形成了具有地方特色的建筑和城镇形式，产生了多样性的城市环境。对一个城市而言，城市环境包括自然环境和人工环境两种，是由静态和动态交织在一起的。

　　景观一词的英文为Landscape，最早可以追溯到公元前的旧约，它是用来描写圣城耶路撒冷的壮观景色的。因此，景观最早的含义实际上就是城市景象，人们所关注的景观也是城市本身。后来，随着视野的扩展，景观概念的范围由城市扩大到乡村。从人类实践的角度分析，景观可以分为自然景观和人文景观两个要素。

　　人类在城市中进行的各种社会生活和建设活动产生了城市景观。除去自然景观之外，人类文明所影响和创造的一切事物都能称为景观。而城市景观更是人类文明发展的典型产物。城市景观发展变化的历史本身就是城市发展变化的历史，而城市本身就是人文景观的集合体。作为一种人文景观，在经历了人类漫长的改造活动后，不同的城市决定了城市景观的特殊性和独有性，是历史与现实的综合显示，并带有特定的政治和文化意义。

1.2 城市景观的演变与发展

　　城市景观是城市社会发展的产物，不同社会形态中的城市显示出城市社会品质对城市景观的影响。农业社会中的城市受经验与传统导向的影响较大；工业化过程中的城市则多表现为代表工业符号的厂房建筑和财富符号的摩天大楼；后工业化社会的城市又体现出生态化和回归自然的追求目标。城市景观规划是城市设计的一个延伸部分，了解城市景观发展演变的主脉，对进行现代城市景观设计有着很大的帮助。

1.2.1 古代文明

1. 古埃及的景观

　　埃及是人类文明的摇篮之一。贯穿南北的尼罗河每年定期泛滥，冲积平原土壤肥沃，孕育了灿烂的古代文化。由于地理原因，森林稀少、气候炎热、阳光强烈，导致了古埃及人很早就重视园艺技术。埃及人居住的房屋大多是低矮的平顶屋，富人的住宅周边建造有精美的建筑庭园。庭园一般是方形的，四周有围墙，入口处建有塔门，中轴线明显。园内成排种植庭荫树，园中心是水池，池中养鱼并种植水生植物，池边有凉亭。

　　图1-1所示为底比斯第十八王朝陵墓中描绘庭园的绘画。建筑庭园中心有矩形水池，池旁有凉亭供人休息，树木成行种植，在建筑庭园中心还有成排的拱形葡萄架。

图1-1　底比斯第十八王朝陵墓中描绘庭园的绘画

在埃及残留的文化遗迹中，最雄伟壮观的人类景观构筑物当属金字塔，如图1-2所示，它们是法老精神与现实的象征，巨大的石头纪念性构筑物在尼罗河上形成了超越自然的连续直线形景观，并构成了埃及人心目中永恒的秩序。金字塔实际使用的空间是很小的，它真正的艺术感染力在于原始的人造体量与周边环境形成的尼罗河三角洲的独特风光。它巨大质朴的体形在浩瀚的平原大漠中，是独一的，也是协调的。这种简洁的造型体现了古埃及人对山岳等自然景观的崇拜。

埃及新王国时期，神庙及其附属的神苑成为最重要的建筑景观。神庙建筑群或由几层台阶状的露台组成，或者铺开形成轴线序列，用围墙与外界分隔，建筑庭园内种植林荫树，道路两旁站立圣羊像。

图1-2　古埃及金字塔

2. 古西亚的景观

产生于底格里斯河和幼发拉底河流域的美索不达米亚文明可以与埃及文明相媲美。由于上游山峦重叠，河水泛滥不定，苏美尔人在不断地改善自然环境、组织大规模水利建设的过程中，形成了城邦，而后分散的城邦又结合成一个单一的帝国，建都于巴比伦。随着社会和经济秩序的稳定，人口数量的增加，巴比伦逐渐演变为以一系列宏伟的建筑为核心的城市。由于两河流域的植被丰富，当时盛行以狩猎为主要目的的猎苑。他们热衷于建造人造山丘和台地，或在大山冈上建设宫殿，或将神殿建在猎苑内的小山丘上。一般来说，建筑物都有露天的成排柱廊，附近河流流淌，山上松柏成行，山顶还建有小祭坛。

公元前7世纪，新巴比伦城建立。整个城市横跨幼发拉底河，厚实的城墙外是护城河，城内中央干道是南北向，城门西侧就是被誉为世界七大奇迹之一的空中花园。

空中花园的遗构已经毁坏殆尽。据记载，这个大型的台地园被林木覆盖，远处看上去就像自然的山丘。露台墙体由沥青粘接砖块砌成，外部局部由拱廊构成，内部则是大小不等的许多房屋、洞室、浴室等。整体建筑的外观如同森林覆盖的小山耸立在巴比伦平原的中央，就像高悬在天空中一样。

图1-3所示为根据王宫遗迹绘制的空中花园示意图。

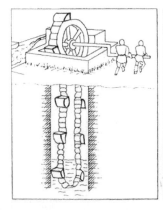

a)　　　　　　　　　　　　　　　　　　　　　　　　b)

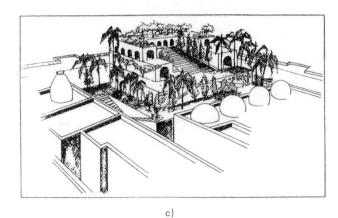

c)

图1-3　根据遗迹绘制的古巴比伦空中花园

a) 空中花园结构剖面示意图　b) 用于提水的辘轳和台地排水示意图　c) 根据史料绘制的空中花园透视图

3. 古希腊的景观

欧洲是人类古代文明的主要发源地之一。欧洲的古代城市以古希腊和古罗马为代表,它们也成为古代西方文明的见证和宝贵遗产。

古希腊的文明以爱琴海文化为先驱,并分别以克里特和迈锡尼为文化中心。克里特岛上的建筑是敞开式的,面向景观,并建有美丽的花园,显示出和平时代的特点。据记载,克诺索斯城的王宫规模宏大,延续了几个世纪才建成。建筑包括宫殿、起居室、众多的仓库和手工业作坊。在城市里设有巧妙的排水系统,利用下水道收集并疏通雨季的雨水,下水道口很大,可以满足工匠检修的需要。经历了北方民族的战乱后,古希腊形成了由多个城邦组成的国家,其中,雅典是城邦之首,集中了当时的政治、经济、文化等功能,成为贵族政治与自由民主制度的文明之都。

雅典卫城是雅典城的公共中心和精神中心。图1-4所示的雅典卫城位于今天雅典城西南的小山岗上,山顶高于平地70～80m,俯瞰全城,气势非凡。现存的主要建筑包括山门、胜利神庙、帕提农神庙、伊瑞克提翁神庙和雅典娜雕像。卫城中的建筑没有遵循简单的轴线关系,因地势而建,并充分考虑了祭祀盛典的流线走向,从各角度考虑了它的视觉景观效果,是城市设计的杰作。城市的政权机构、市场、半圆形露天剧场、竞技场等都布置在通道方便到达的地方。

棋盘式路网,结合围合式广场和商业、宗教和公共活动中心布置,成为一种典型的布局模式,一直影响到古罗马时期的城市,甚至是2000年后的欧洲和美国,如图1-5所示的米列都城。这种棋盘式的道路网,形成了居住、广场和柱廊的样式,给人以秩序感和视觉的连续性,这种基本形式长期以来成为欧洲城市规划的一种传统:长长的街道和绵延的柱廊。

古希腊的民主思想盛行,公共造园活跃,促进了许多公共空间,如圣林、体育场的产生。圣林是依附于神庙的树林,后经发展,具有剧场、竞技场、小径、凉亭、柱廊等,成为公共活动的场所。体育场最早是作为取消战争、借体育比赛来维护和平的一个重要场地，后来一个名为西蒙的人在周边种植了梧桐树遮阴，使之最终发展成现代意义上的公园，并成为古希腊时期非常重要的景观。

图1-4 雅典卫城

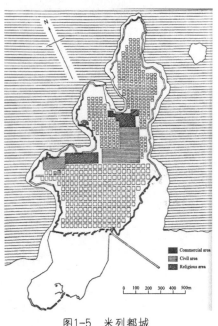
图1-5 米列都城

4．古罗马的景观

大约公元前500年，古罗马成立独立的城邦。短短几年内，古罗马征服了周围的民族，控制了从亚平宁山脉到海岸的整个拉丁平原。到了公元1世纪前后，古罗马帝国成为历史上罕见的强大帝国，版图扩展到北非与中亚，聚集了多种民族，建立了数千个殖民城镇、"自由化"城镇和纳税城镇，建立了多样的城市景观。古罗马城镇的设计来自古希腊的传统和占卜迷信。两条直角相交，东西、南北走向的主干路构成城市的主轴，交会的中心是广场。城市在朝向上考虑卫生和舒适。古罗马人对城市设计的贡献是在城市中修建了巨大的供水排水工程，整个古罗马城的供水渠道有11条，主要是供给富人的别墅、公共浴室和喷泉。

在古罗马的鼎盛时期，古罗马城是帝国时期最伟大的城市。但是城市里贫富差距很大，穷人居住在拥挤的房屋里面，没有任何卫生设施，街道上没有照明设备；富人有自己的别墅和华美的庭园，这些别墅多建在郊外的山坡上，居高临下，可以俯瞰周围的原野，如图1-6所示。一般园林倚山而建，山地被辟成不同高程的台地，以栏杆、挡土墙和台阶来维护联系。园中一系列带有柱廊的建筑围绕庭园，每组相对独立。水、植物、精美的石刻都是造园的重要元素，园林是规则式的，为意大利文艺复兴时期的园林奠定了基础。

图1-6 根据史料推测的洛朗丹别墅庄园鸟瞰

古罗马城市的广场是公共生活的中心。它的尺度要容纳各种活动，因此，富丽堂皇的门廊、柱廊及轴线对称式的建筑布局成为城市的美学基础。维特鲁威在《建筑十书》中提出了广场设计的若干准则，如广场的尺度应满足听众的需要，为长宽比设计为3:2的长方形。广场包括有柱廊、纪功柱、凯旋门等构筑物，体现出那个时期严整的秩序和宏伟的气势。大型公共浴池和圆形竞技场是古罗马人奢靡生活的反映。

1.2.2 中世纪的景观

西欧和东欧的中世纪历史很不一样。它们的代表性建筑物——天主教堂和东正教堂，在形制、结构和艺术上完全不一样，分别属于两个建筑体系。中世纪的城市建设因为国家和地域的不同而千差万别，但是总体水平却得到了很大的发展。城市和乡村的差距并不是很大，距离也近，良好的环境激发了人们户外活动的热情，同时户外活动的发展对室外环境又提出了要求。刘易斯·芒福德描述了当时城市绿地和公园中的惬意的氛围：中世纪城镇可用的公园和开阔地的标准远比后来的任何城镇都要高，包括19世纪的一个浪漫色彩的郊区，这些公共绿地保持得最好，如英国的莱斯特，后来成为能与皇家园囿相媲美的公园……中世纪的很多小城镇在发展规模和环境质量之间求得了一个很好的平衡。

在整个中世纪的欧洲，除西班牙外，几乎没有大规模的园林建造活动，花园只能在城堡或教堂周围及修道院庭院中得以维持。西班牙由于受阿拉伯人的统治，伊斯兰文化结合欧洲文化的特点，形成了西班牙特有的园林风格，并影响了美洲的造园和现代景观设计。

就城市环境而言，当时总结了很多经验，形成了与古罗马城市情趣各异的城市景观。那时的居民避免将城市街道建得又宽又直。中世纪的街道像河流一样，弯弯曲曲，这样较为美观，避免了街道显得太长，城市也显得更加有特色；而且遇到紧急情况时，也是良好的屏障；弯曲的街道使行人每走一步就能看见不同外貌的建筑。这种城市的情趣是古罗马和古希腊城市所不能比拟的。

当时的宗教气氛赋予了很多景观象征主义的意味，情感而非理智的中世纪景观对于其后的景观设计主要有两个方面的影响：第一，成为18、19世纪浪漫主义的灵感；第二，成为非对称构图的美学标准及指导。

中世纪的城市中，教堂成为最为主要的公共建筑，也成为最能体现当时建筑成就的遗产，诸多教堂对于丰富城市的天际线起了很大的作用，如图1-7所示。

6~11世纪，欧洲城市经历了很长一段发展比较缓慢的时期。城市规模较小，没有形成强大的统治阶层，封建势力和宗教影响着城镇的发展。这个时期的欧洲城市表现了渐进而有机形成的特征。城镇中心由教堂和市政厅组成广场，道路弯曲狭窄，由城郊四周通向中心。这个时期的城镇一般都有城墙，既安全又可以增强领域感，也不乏建筑艺术和城市艺术，特别是广场、喷泉、街道等空间的艺术处理使其独具魅力。欧洲的小城镇，虽然小巧，但是生活内涵相当丰富，故有"红色的锡耶那、黑白的热那亚、灰色的巴黎、五彩的佛罗伦萨和金色的威尼斯"之说。

图1-7 英国帕斯城市景观

1.2.3 从文艺复兴到产业革命时期的城市景观

1. 文艺复兴时期的城市景观

随着资本主义的萌芽，欧洲在生产力与技术上都得到了巨大的发展，同时思想上也发生了很大的变化。以意大利为中心的文艺复兴运动，便是借助古典文化来反对中世纪的禁锢文化，并提倡资产阶级的人文主义世界观，来重新审视古希腊和古罗马给人们留下的文化遗产，同时也注意到自然界所具有的蓬勃生命力。在这种历史背景下，无论是城市建设、建筑，还是景观设计，都上升到一定的高度。在城市建设方面，出现了新的观点。建筑师阿尔贝蒂重新审视了维特鲁威的城市理论，提出了城市设计的原则：便利与美观，主张应从城市的环境因素出发，合理地考虑城市的选址和选型，主张以理性原则考虑城市建设。一些经济和文化都比较发达的城市，如佛罗伦萨、威尼斯、罗马等，由于人口增长、城市扩大，而建设了新的宫殿、官邸和广场。而贸易和运输的发展则改变了城市的结构，在罗马城的改造中就出现了笔直的干道，放射性地通向城市重要的节点。

在文艺复兴时期，各种文化开始复苏。其中，文艺复兴、巴洛克和古典主义是15～19世纪先后出现并流行于欧洲各国的主要建筑风格。它们被统称为文艺复兴风格的建筑形式，取代了高直式，成为主流，并出现了整顿街道、重视美和平衡、创造更适合人居空间的思想。这一时期，一些杰出的艺术家兼建筑师，建造了街道、广场、雕塑和纪念馆，试图构筑一个规整的城市。

威尼斯水城就是这一时期最为杰出的城市景观，如图1-8所示。它所有的城市景观、自然景观都是以河流为线索串联起来的，显得开朗而活泼。

形成于文艺复兴时期的圣马可广场也是世界上最为卓越的城市开放空间，如图1-9所示。两个广场相交处有一座方形的百米高塔，成为整个广场甚至是整个城市的象征。虽然广场的规模和面积不大，但是广场上总是洋溢着亲切的气氛和活力，被喻为欧洲最迷人的露天客厅。

图1-8 威尼斯水城　　　　　　　　　　　　　图1-9 圣马可广场

2. 中古后期的城市设计潮流

中古后期的城市设计就其思想和做法而言，最为重要而且影响后世至今的主要有两个潮流：一个是巴洛克时期，或者说是"巴洛克式的城市设计"；另一个是理想主义的"田园城市式的城市设计"。前者的思想来自统治阶级的意愿和需要；后者的思想来自具有社会改革精神的先驱思想家。它们的共同点都是在一定的经济、社会和科学技术发展的背景下产生，都在一定程度上反映着这种时代背景的要求。

（1）巴洛克时期。继文艺复兴之后出现的巴洛克时期，人们的审美情趣发生了转变，追求繁琐的细部表达，追求豪华感、打破整齐划一的形式，追求运动的、充满戏剧色彩的效果。以观赏者的视线为基础，常常运用空间造型手法，如光影、透视，使观赏者产生错觉。在城市设计上强调作为城市轴线的街道，建筑上增加雕刻性和装饰性的要素，强调林荫道，广场成为祭祀和庆祝的场所，建立纪念碑，并附加绘画的意义。这一时期是在重视形态及空间的平衡、色彩、材质感，而且强调这些给观赏人群所带来的心理效果的基础上来整治街道的。在城市开放空间的设计上，米开朗基罗设计的卡比多广场是这种风格的先驱，罗马圣彼得广场也是杰出的实例。就城市设计而言，法国的影响最大。权利和财富的集中，是巴洛克时期最重要的基础。王宫贵族夸耀奢华的生活支配着社会意识和风尚，表现在建筑形式上，人们不满意古典呆板的形式，而追求一种浮华的、圆滑多变的风格。在城市景观上，充分体现统治阶层的喜好和意图，追求宏伟的形象、夸大的尺度、华丽的风格、豪华的排场。常用的手法是采用轴线对称的布局，几何图案式的绿地，周围布置喷泉、雕像，烘托出占显著位置的主体建筑——宫殿或官邸，如图1-10所示。L.芒福德认为，巴洛克宫殿对城市有直接的影响，它把宫殿奢侈的生活带到城市的各方面。

在城市中出现游乐性花园、博物馆、动物园等，这些都是中古时期城市所没有的。16世纪轮式车辆在城市中使用，交通方式的变化和军队行进的需要，使得巴洛克城市设计中又长又宽又直的大街成为一种特征。巴洛克城市设计的思想和实践，是西方近代城市设计史上极为重要的成就和财富。尽管后来受到现代主义、人文主义思想的激烈批判，但是它仍然影响广泛而深远。同时期的华盛顿、圣彼得堡、东京、新德里、维也纳、柏林、芝加哥等大城市的规划基本都是巴洛克式的，如图1-11所示，一直影响到19世纪末美国芝加哥兴起的城市美化运动。

图1-10　罗马圣彼得广场

图1-11　华盛顿巴洛克街道规划

（2）从理想城市到田园城市。理想城市模式以莫尔在1516年提出的乌托邦设想最为典型。阿莫洛特城是乌托邦54个城镇之一，与周围城镇的距离不超过8km。城市是正方形的，分为4个区，街道既方便交通又能避雨，每个住宅围以绿带，内院宽敞。18世纪中期产业革命之后，随着商业和工业的发展，欧洲很多城市的人口急剧增长，进入了工业化时代。产业革命和资本主义的发展破坏了原有城市的空间关系和社会平衡，并出现了诸如居住、公共卫生、交通、能源等一系列新的城市问题。19世纪初，欧洲出现的空想社会主义思想是当时背景下的一种社会改革思潮。空想社会主义思想家提出"理想国"的主张，实际上是一种建立在没有阶级对立的基础上，离开现有的大城市、在乡村地区建立一种新型的、规模不大的，人们共同和谐生活的社区。英国人罗伯特·欧文甚至在苏格兰的新拉纳克建立了一个实验区。19世纪末，英国人霍华德撰写并于1902年出版的《明日的田园城市》一书中，提出了一种"社会城市"的主张。他认为，田园城市应该是一种汲取城市和乡村优点并摒弃其缺点的新型城镇，如图1-12所示。这种城镇人口规模不大，呈圆形，道路呈环状，围绕中心分布着合理密度的住宅区，有很好的绿化。那时已经发

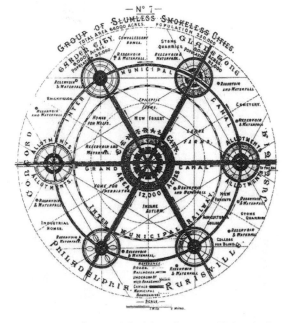

图1-12　英国人霍华德提出的"田园城市"概念

明了铁路，因此城镇中有一条环行铁路。田园城市不同于15世纪的理想城市，霍华德设计了一套适应当时社会的实施机制，这种设计思想直到现代还有它的生命力。

知识链接　园林景观流派

一、16～18世纪的法国古典主义风格

文艺复兴运动使得法国造园艺术发生了巨大的变化，在花园中出现了雕塑、图案式花坛及岩洞等造型，并且出现了多层台地的格局。除观赏功能外，法国园林还保留着种植、生产的功能，总体规划粗放。到了16世纪中叶，受意大利造园的影响，法国园林的观赏性增强，建筑格局庄重对称，与植物的关系较为密切，园林的布局以规整、对称为主。16世纪到17世纪上半叶，法国造园的表达力和创造力明显增强，这一时期被称为早期的古典主义时期。在倡导人工美、提倡有序的造园理念影响下，造园布局注重规则有序的几何构图，植物要素以绿墙、绿篱等形式体现并装饰在庭园中央。

17世纪下半叶，法国勒·诺特式造园风格的形成，将法国古典主义发挥得登峰造极。这种造园样式保留了意大利文艺复兴庄园的要素，如轴线、修剪植物、喷水、瀑布等，又以一种新的、更开朗、更华丽、更宏伟、更对称的方式在法国重新组合，创造了一种更显高贵的园林。这种园林是几何式的，有着非常严谨的几何秩序，均衡和谐。宫殿高高在上，建筑轴线统治着园林的轴线，并一直延伸到园外的森林中。轴线两侧布置有大花坛、林荫道、水池、喷泉、雕像及修剪成各种几何体的造型植物。整个森林成为园林的背景。

勒·诺特尔所主持设计的凡尔赛宫庭园设计，轴线沿府邸——花园——林园逐步展开，使得整个景观园林与建筑成为一个统一的整体，展现在人们面前，而且以园林作为花园的延续和背景，形成了一个宽阔的外向园林，并最大程度地渲染出法国帝王的权威和辉煌，如图1-13所示。勒·诺特式景观园林以不可抗拒的魅力征服了整个欧洲，并对后世的景观设计风格影响巨大。

二、18世纪上半叶英国自然风景园

17～18世纪，在绘画与文学热衷自然的倾向影响下，英国造园呈现出风景园的特点。英国风景园一反意大利文艺复兴园林和法国巴洛克园林的传统，抛弃了轴线、对称、修剪植物、花坛、水渠、喷泉等所有被认为是直线的或是不自然的东西，以开阔的草地、自然曲折的湖岸、成片成丛自然生长的树木及古典小型建筑为要素，构成了一种新的园林形式，强调自然带来的活力和变化。这一时期涌现了肯特、布朗等主要的代表人物及一系列著名的园林，如斯托海德风景园、斯陀园、查兹沃斯园等，如图1-14、图1-15所示。在18世纪的造园家中，与布朗同时代的钱伯斯热衷于东方艺术，将中国园林中的建筑素材运用到英国风景园中，掀起了在英国园林中兴建中式小建筑的风气，图1-16所示为英国邱园中的中国塔。

图1-13　法国凡尔赛宫中的喷泉水景

图1-14　英国斯托海德风景园

图1-15 英国查兹沃斯园

图1-16 英国邱园中的中国塔

在近一个世纪的发展中，英国风景式园林经历了自然式、牧场式、绘画式和园艺式等阶段，彻底颠覆了西方传统的古典主义美学思想，将自然美视为园林艺术美的最高境界。自然成为园林的主体，造园从利用自然之物来美化人工环境，转变为利用自然植物来美化自然本身，使欧洲人对待自然的态度发生了根本性的转变。

1.2.4 现代的城市景观

1. 现代城市设计潮流的多元特征

从20世纪开始，现代城市设计思想和风格的潮流呈现出明显的多元化特征。总体而言，现代主义始终处于强劲的地位，加上交通方式的改变，对城市的空间结构（包括道路、土地使用分区乃至形态）产生了影响和冲击。20世纪初，现代建筑运动的兴起，很大程度上改变了建筑的面貌和技术，适应了建筑工业化的需要，满足了城市人口急剧增加，而高层化的现代建筑又能节约土地。高层建筑和花园式的城郊住宅区几乎同时在美国出现。1931年，纽约华尔街已经建立起102层的帝国大厦摩天大楼。1930年，德国埃森出现了第一个在城市中禁止汽车入内的"步行区"。而后，很多国家的城市建设了大量的步行区、步行街，有商业用的，也有休闲观赏用的，如图1-17、图1-18所示。

随着城市经济的发展和人们生活水平的提高，城市的功能和科技的增强达到了前所未有的高度，现代城市设计潮流可以概括为以下四个特点：

（1）空间标志建筑化，道路交通网络立体化。高层建筑和超高层建筑成为城市的空间标志，道路交通体系形成高架——地面——地下的立体结构网络，大力开发地下空间，如大阪建设有可容纳50万人的地下城。

（2）大型综合体成为城市的重点。大量多功能、综合性的巨型建筑出现，建筑面积达到100hm^{2}以上，巨型建筑与超高层建筑结合，成为新的"城中城"，甚至出现了500~800m高的摩天大楼和"插入式"城市的概念，大跨度的公共建筑，如体育馆、会展中心等，成为城市的重要视点，大型交通运输设施，如大型国际航空港、大型的铁路枢纽，立体交叉，都结合了城市的多种功能，进行综合开发，成为城市空间中一项重要的组成部分。

（3）道路交通快速便捷化。大城市的封闭式快速道路穿越市区，大运量的轨道交通安全快捷，甚至出现更快速的交通方式，都大大缩短了城市间的时空距离。

（4）城市智能化。智能化管理得到广泛运用，出现了各种智能化的办公楼、居住区，信息网络化覆盖了城市的各方面。

受到多元化城市设计思潮的影响，城市景观在各阶段不可避免地呈现出不同的特征，这些特征交织在一起，共同构成了当今城市独特的景观面貌。

图1-17　悉尼岩石区商业步行空间

图1-18　伦敦街头步行广场空间

2．现代景观设计

（1）探索阶段。

1）工艺美术运动。1851年，园林师、工程师帕克斯顿设计的英国伦敦水晶宫开辟了建筑形式的新纪元。一批热衷手工艺效果和自然材料形式的艺术家，对这些机械化、批量化产品深恶痛绝，以莫里斯为代表发动了工艺美术运动。工艺美术运动推崇自然主义和东方艺术的装饰，同时影响了英国园林设计的风格，主要代表人物有植物学家鲁滨逊、园艺家杰基尔及建筑师路特恩斯。尽管他们的作品也有着维多利亚式的烙印，但是花园更加简洁、浪漫、高雅，用小尺度的、具有不同功能的空间构筑花园，并强调自然材料的运用。通过规则式结构与自然植物的完美结合，成为当时的一种时尚，不仅影响了欧洲，而且对今天的景观设计仍有影响。

2）新艺术运动。新艺术运动是19世纪末至20世纪初的一次大众化的艺术实践活动，是世纪之交欧洲艺术的风向标。设计追求曲线风格的特点，从自然界中归纳出基本的线条，强调曲线装饰，特别是花卉图案、阿拉伯图案或富有韵律、互相缠绕的曲线。后来又延伸出具有直线几何的风格，以简单的几何形式和构成进行设计。曲线风格的园林，最极端地表现在西班牙天才建筑师高迪的设计作品中。他在巴塞罗那建成了一个梦幻般的居尔公园。整个设计将建筑、雕塑与环境融合在一起，以波动的、有韵律的、动荡不安的线条和色彩、光影、空间的丰富变化，以及马赛克镶嵌装饰的围墙、长凳、柱廊，体现出鲜明的个性，风格融合了西班牙传统中的摩尔式和哥特式文化的特点，如图1-19所示。

图1-19　西班牙居尔公园梦幻般的场景

新艺术运动的园林以家庭花园为主，公园较少，但是无论哪种风格，对后世的园林设计都产生了广泛的影响。高迪的设计风格在后来受到后现代主义的推崇；格拉斯哥学派、青年风格派、维也纳分离派及德意志制造联盟都成为现代主义风格派和包豪斯学派的基石。

3）现代建筑运动先驱和景观设计。第一次世界大战以后，建筑行业发展迅速，虽然景观设计没有引起重视，但在一些花园设计中体现了一种新思想。这期间也产生了一些流派与设计先驱。从表现主义的代表人物门德尔松流畅的动感线条到荷兰风格派以简洁纯净的色彩和立方体块组合的花园设计，以及包豪斯学派中诸多有代表性的大师，如格罗皮乌斯、密斯、柯布西耶、赖特、阿尔托等提出的现代主义精神，充分体现了建筑与景观之间的关系。

（2）现代景观的产生和发展。

1）美国现代城市景观设计。在19世纪的自然主义运动中，奥姆斯特德提出的景观设计实践使景观设计从一个试验性的初步设想阶段成为具有确定意义的学科。其中，美国设计师斯蒂里将欧洲现代景观设计的思想介绍到美国，推动了美国景观领域的现代主义进程。他的作品和理论成为美国现代景观运动的导火索。1938～1941年，哈佛的学生罗斯、克雷、埃克博发动了"哈佛革命"，倡导空间是景观设计真正的范畴，这些理论动摇并最终导致哈佛景观规划系巴黎美术学院派教条的解体和现代设计思想的建立，并涌现出以托马斯·丘奇、盖瑞特·埃克博、丹·克雷为代表的第一代景观设计师。20世纪五六十年代，美国进入了经济最为繁盛和持久的20年，并推动了景观事业的迅速发展。因为历史原因，美国城市的发展并没有带来城市中心开放空间的显著增加，因此，市中心的复兴计划使得许多市政与商业广场、街道、绿地公园获得新生。当今，美国的许多城市广场已经成为当地的集散空间，步行街满足了购物的乐趣。20世纪60年代的环境保护运动让更多的美国人关注自然环境，并涌现出一批优秀的第二代景观规划设计师，其中以劳伦斯·哈普林、佐佐木英夫、罗伯特·泽恩为代表。

知识链接 第一代景观设计师

◆ **托马斯·丘奇**

托马斯·丘奇是"加州花园"的开创者。他的作品展现出一种新的动态平衡的形式，以露天木制平台、游泳池、不规则种植区域和动态的小花园，为人们创造了户外生活的新方式。这种风格的私人花园被称为加州花园，图1-20所示为唐纳花园。丘奇的作品多是小尺度的、私人的、结构简单的项目，以花园别墅类居多，而鲜有大尺度的公共项目。但是他对材料和细节的关注，以及创造性地使用它们，对后世有着深远的影响。加利福尼亚的气候和景色使它成为第二次世界大战后美国景观规划设计学派的一个中心，同时因为家庭和社会生活形式的改变，导致景观设计风格的发展变化。可以说，"加州学派"是美国本土产生的一种现代主义景观风格，加利福尼亚现代园林被认为是美国自19世纪后半叶奥姆斯特德的环境规划传统以来，对景观规划设计最杰出的贡献之一。丘奇在加州花园上的成就使他成为加州学派的领军人物，他使美国花园的历史从对欧洲风格的复兴和抄袭转为对美国社会、文化和地理多样性的开拓，对现代景观设计发展的影响是极为巨大而广泛的。

◆ **盖瑞特·埃克博**

盖瑞特·埃克博是加州学派的另一个重要人物。1938年，埃克博发表了一篇名为《城市中的小花园》的文章，认为花园是人们室外生活的地方，它必须是愉快的、充满幻想的；设计必须是三维的，因为人们生活在空间中，而非平面上；设计应当是多方位的，而不是轴线的，空间的体验远比直线更重要；设计必须是运动的，而不是静止的。他强调"空间"是设计的最终目标，材料只是塑造空间的物质，以及人在景观中的重要性。埃克博的早期作品中，私人花园较多，在20世纪五六十年代，则以公共项目居多。位于洛杉矶的联合银行广场是埃克博的一个成功案例，如图1-21所示。广场位于40层的办公楼脚下，在三层停车场的屋顶。在约1.2hm²的铺装广场上，树池有规律地布置在建筑柱网的上面，珊瑚树、橡胶树和蓝花楹环绕在用草地和水面塑造出来的中心岛上。与众不同的是，混凝土台围合的草坪像一只巨大的变形虫趴在水池的上面，伸长的"触角"挡住了水池的一部分，一座小桥从水面和草地上越过。

从本质上说，埃克博是一位现代主义者，他的作品既受到包豪斯的影响，又有超现实主义特点的加州学派的影子，但是每个设计都是从特定的基地条件而来。

◆ 丹·克雷

　　丹·克雷是美国现代景观的奠基人之一，也是哈佛革命的另一位发起人。他的设计通常从基地和功能出发，确定空间的类型，然后以轴线、绿篱、整齐划一的树列、树阵、方形的水池、树池和平台等古典语言来塑造空间，体现出现代的、流动的感觉。他注重结构的清晰性和空间的连续性，以几何的方式进行组织整合。他对材料的运用简洁而直接，没有装饰性的细节。空间的微妙变化主要体现在材料的质感、色彩、植物的季相变化和水的灵活运用。他特别擅长用植物手段塑造空间，同时将建筑的空间延伸到周围环境中去。因此，他几何形的空间构图与现代建筑看起来是十分协调的。达拉斯联合银行大厦喷泉广场是丹·克雷后期的一个著名的设计作品，如图1-22所示。他研究了建筑的特点和当地的气候，决定将整个广场做成一片水面，基地上建立了两个重叠的5m×5m的网格，在交叉点上布置了圆形的树池和加气喷泉。基地的70%被水覆盖，在有高差的地方形成一系列跌落的水池。在广场中行走，如同穿行于森林沼泽地。当夜晚灯光照亮水景时，会产生梦幻般的效果。

图1-20　唐纳花园

图1-21　洛杉矶联合银行屋顶广场　　　　　图1-22　达拉斯联合银行大厦喷泉广场

知识链接　第二代景观设计师

◆ 劳伦斯·哈普林

　　劳伦斯·哈普林在20世纪的美国景观规划设计界占有重要的地位。他继承并发扬了格罗皮乌斯将视觉艺术视为一个大整体的思想，并将水和混凝土作为景观设计的主要设计要素。他关注和分析人在环境中的运动和空间感受，其作品是视觉与生理的设计。他认为，设计通过使用者的参与能使生活变得更加有生活味。哈普林的作品涉及最多的、最著名的是城市广场和绿地，其中最为重要的是在20世纪60年代为波特兰市设计的一组广场和绿地，如图1-23、图1-24所示。三个节点——爱悦广场、柏蒂格罗夫公园、演讲堂前庭广场，由一系列已经建成的人行林荫道连接。三者各具特点，"爱

"悦"生机勃勃，由不规则的折线台地结合喷泉构成；"柏蒂格罗夫"宁静松弛，通过曲线分割出一个个隆起的青葱小丘；而"演讲堂前庭"雄伟有力，清澈的激流自上而下，笔直泄入由混凝土块组成的方形广场水池中，形成整个系列的高潮。哈普林将自然界的体验融入设计，将人工化了的自然要素插入环境，设计作品是他对自然的独特理解。

图1-23 爱悦广场

图1-24 演讲堂前庭广场

◆ **佐佐木英夫**

佐佐木英夫是20世纪景观设计的另一位杰出代表。他认为，设计要遵循三种方式：研究、分析和综合。研究、分析的能力是通过教学获得的，而综合的能力则要靠设计者自己的天分，并加以引导和培养。佐佐木英夫有意识地想复兴奥姆斯特德的公共思想，他和沃克成立了SWA设计公司，协调景观师、建筑师、规划师及各行业之间的工作，作品涉及城市设计、大学园区、新社区规划设计等大尺度的公共项目和市政项目，在第二次世界大战后美国的景观行业扮演着重要的角色，如图1-25所示。他关注和谐的整体环境的创造，认为景观设计应当作为现代主义建筑和雕塑的背景，以自然式的景观作为几何的现代主义建筑的环境。

◆ **泽恩**

20世纪五六十年代，美国新建的大量高层建筑对城市环境造成了巨大的破坏。在纽约建筑同盟的展览中，泽恩和布林提出了"袖珍公园"的观点，即为城市中心的职员和购物者提供休息片刻的地方。这类公园的尺度很小，目的是方便行人休息，公园如同室外房间，顶棚是连续种植的乔木树冠，墙壁是攀援植物，地面形成趣味性的铺装，有售货亭和轻质座椅，水景使公园有效地掩盖城市噪声。其典型作品是纽约53号街的帕雷公园，如图1-26所示。公园的基地面积约为12m×30m，尽端布置了水墙，两侧山墙爬满了植物作为垂直的草地。广场上种植刺槐树，形成林荫，树下有轻便的休息设施。这个公园一直被认为是20世纪以来最具人情味的空间设计之一。

图1-25 美国伊利诺伊大学一景

图1-26 帕雷公园成为闹中取静的绝佳场所

2）欧洲现代景观设计。

①英国现代景观设计

20世纪30年代，欧洲的景观设计师开始将抽象的现代艺术与历史上的规则式园林或自然式的园林结合起来，但是在理论上却很少探讨现代环境下设计园林的方法。英国在这方面填补了空白，并出现了对今后景观行业影响巨大的人物：克里斯托弗·唐纳德和杰弗里·杰里科。

克里斯托弗·唐纳德在1938年完成的《现代景观中的园林》中提出：现代景观是由功能的、移情的和艺术的三个方面组成的。功能是现代景观最基本的考虑要素，满足人的理性需求；同时要从没有情感的事物中感受园林精神的实质；而且要处理形态、平面和色彩等，运用现代艺术的手段。其中，作品本特利树林是唐纳德精神的精美表达；全败住宅以非常简洁的日常生活的空间组织，体现了现代主义社会理想。在哈佛授课期间，他的现代景观思想影响了一批学生，如克雷、埃克博等，都为后来的景观设计界作出了重要的贡献。

杰弗里·杰里科在现代主义中始终以创新者的身份出现，他继承了欧洲文艺复兴以来的园林要素，既富有人情味、宁静隽永，带有古典神秘，又传递着现代气息，很好地把握了英国现代园林的尺度。他综合历史园林和现代园林的主要设计要素，并加入了设计哲学。莎顿庄园被认为是最能体现杰里科精神的作品，如图1-27所示。他赋予园林一些含义，引喻人在宇宙中的位置等一系列的事物和思想。莎顿庄园的设计是连续的，是现存轴线、视景线与原先设计者可能的设计意图的发展。

②斯堪的纳维亚半岛的景观设计

斯堪的纳维亚半岛的自然景观非常优美，而且社会相对稳定，人民的生活沉淀了许多舒适的内容，现代设计也追求朴实、美观和实用的风格。日常生活是景观设计的重要出发点，常常以自然或有机的形式，以简单、柔和的风格，创造出富有诗意的景观意境。其中，以瑞典和丹麦的景观设计最为突出。

瑞典园林在20世纪早期的风格往往是不顾地形，追求图案式的效果，并强调植物的园艺表达。随着政治和社会状况的变化，功能主义的公园开始崭露头角，斯德哥尔摩学派就是在这样的情况下产生的。学派创始人布劳姆在他的公园计划中提出："公园能打破大量冰冷的城市构筑物，作为一个系统，形成在城市结构中的网络，为市民提供独特的识别特征；公园为不同年龄的市民提供散步、休息、运动、游戏的消遣空间；公园是一个聚会的场所，可以举行会议、游行、跳舞，甚至宗教活动；公园是在现有自然的基础上重新创造的自然与文化的综合体。"学派的园林作品中最为突出的是诺·马拉斯壮德公园设计，如图1-28所示。一系列的公园形成了一条长的绿带，从郁郁葱葱的乡村一直到市中心的市政厅花园，景观呈现出乡间的自然环境。

图1-27　莎顿庄园中的伊甸园

图1-28　公园中的水面体现乡野情致

斯德哥尔摩学派在瑞典景观规划设计的黄金时期出现，设计师们以强化的形式在城市中再造了地区性景观的特点，如群岛的多岩石地貌、芳香的松林、森林的池塘等，创造出一个完全乡村的景观。它体现了景观规划师、城市规划师、植物学家、文化地理学家和自然保护者共有的信念。它不仅仅是一种观念，更是一个思想的综合体。

丹麦与瑞典有着相似的社会、经济和文化状况，斯德哥尔摩学派在城市公园的发展中占据了主导地位。在小尺度的环境中，丹麦的景观设计师常常以简洁、清晰的手法构筑特点鲜明的景观，追求社会品质与美学品质的融合，成为第二次世界大战后欧洲景观设计最有影响的团体之一。设计师布兰德特、索伦森和安德松都是主要的代表人物，他们的设计理论对斯堪的纳维亚半岛的国家有着相当大的影响，并通过他们的学生影响到欧洲其他国家。其中，索伦森在1931年出版的《公园政策》用来指导城镇和乡村开放空间的规划，在今天仍有现实意义。他的设计目标是创造一个能够深入体验的场所。他认为，景观能够让人们从机器般的住宅和办公室中解脱出来，是引导观赏者在空间中穿越的艺术。在哥本哈根建造的许多城市街区中，索伦森对欧洲城市中涌现的大尺度公寓和街区非常反感。他认为，儿童活动场地应满足沙滩、草地、树林三个要素，为此，他设计了一些出色的游戏场和家庭园艺园。音乐花园是他最著名的设计之一。花园由绿墙创造的一系列几何花园组成，这些"花园房间"可以容纳不同的功能，整个空间的构图是能被体验的，是音乐的，是曲线与直线的变奏，如图1-29所示。虽然最后没有实施，但索伦森称其为自己画过的"最美的设计"。

斯堪的纳维亚半岛的景观设计思想通过丹麦、瑞典的一些设计师，引至德国、荷兰等其他一些社会状况相似的国家，特别是德国一些年轻的景观设计师从丹麦带回了诸多的景观设计手法，对德国第二次世界大战后的重建发挥了重要的作用。

图1-29 索伦森设计的音乐花园手稿

③ 德国现代景观设计

德国在历史上并没有产生自己的园林文化，它的园林传统来自意大利、英国、法国等国家。18世纪中叶至19世纪中叶这一百余年是德国园林发展最繁荣的时期。受英国风景园的影响，德国在城市中心留有几十甚至几百公顷的园林，这是欧洲其他国家难以比拟的。至今，这些自然风景园林对德国城市形象的塑造仍起着重要的作用。在现代主义运动时期，德国扮演了运动中的重要角色，并成为现代艺术的实验中心和西方设计哲学的中心之一。虽然第二次世界大战使得城市遭毁，设计精英流失，但是通过第二次世界大战后定期举办联邦设计展的方式，德国重新塑造了大量优秀的城市公园，有效地改善了城市的环境，甚至是整个城市的格局。

20世纪五六十年代的园林展只是侧重设计一个公园环境，设计者的着眼点也仅仅是景观质量，观赏是第一位的，游人是被动的观赏者。而20世纪60年代末、70年代初，观赏不再是公园的唯一功能，更主要的是作为大众的休憩与消遣地。到了70年代末，保护环境、改善城市生态状况的思想被引入景观设计中，自然原野的保留、噪声的防治，以及90年代废弃工厂的改造，都是从生态环境的保护角度出发来完成的，这时期的园林建设为城市绿地系统的完善起了重要作用。

格茨梅克设计的慕尼黑奥林匹克公园采用流线型布局，整体感强，以风景式园林的形式创造出了一处市民喜爱的休闲公园，如图1-30所示；汉斯·卢茨设计的斯图加特绿地系统把原先分散的绿地连成了一个环绕城市东西南北的U形绿环，彻底改善了城市的环境，如图1-31所示；彼得·拉茨的作品法国国际园林展花园则是将景观与艺术紧密结合，在场地、空间的塑造中，利用了大量的艺术语言，体现了建筑的痕迹，同时又是很生态的，如图1-32所示。

图1-30　德国慕尼黑奥林匹克公园

图1-31　斯图加特U形绿环

图1-32　法国国际园林展花园

　　德国是现代运动的重要发源地，日耳曼民族严谨务实，重视理性秩序和实效。由于历史原因，第二次世界大战后的德国民众更喜欢现代主义，德国又是注重生态意识的国家，其生态政策也居于世界前列。因此，德国的景观设计大多追求良好的使用功能、经济性和生态效益，重视园艺水准和建造工艺，并不特别追求象征性和前卫性，不追求时髦的材料和表现手法。正是这种追求，使得德国的景观设计虽未产生轰轰烈烈的影响，但却脚踏实地地改善着城市的生态环境，保护着国家的历史，同时为大众提供了最为实用和理想的户外活动场所。

　　3）拉丁美洲的现代景观设计。现代景观伴随着现代建筑，由欧洲席卷了北美，也传播到了拉丁美州，在当地艺术家和设计师的再创造中产生了新的风格，其中以布雷·马克斯和路易斯·巴拉甘最具代表性。

　　巴西景观设计师布雷·马克斯将景观视为艺术，设计语言多来自米罗和阿普的超现实主义，也受到立体主义的影响。他创造了适合巴西气候特点和植物材料的风格，开辟了景观设计的新天地。如图1-33所示，巴西柯帕卡帕那海滨大道的设计，用传统的马赛克将抽象绘画艺术表现得淋漓尽致。至今，马克斯的设计语言，如曲线花床、马赛克地面都广为传播，他成为20世纪最为杰出的造园家之一。

　　墨西哥建筑师路易斯·巴拉甘的作品将现代主义与墨西哥传统相结合，他的园林以明亮色彩的墙体与水、植物和天空形成强烈反差，创造宁静而富有诗意的心灵庇护所。如图1-34所示，在圣·克里斯多巴尔住宅的庭院中使用了玫瑰红和土红的墙体，以及方形大水池，红色墙上有个水口向下喷落瀑布，水声打破了由简单几何体组成的庭院的宁静，并给人清凉之感。

　　在巴拉甘的系列作品中，设计要素主要是墙和水，以及引入的阳光和空气，有时再添加一些木制的构件。他的作品赋予物质环境一个精神的价值，将人们内心深处的、幻想的、怀旧的和来自遥远世界的情感重新唤回。如今，巴拉甘作品中的一些要素，如彩色的墙、高架的水槽和落水口的瀑布等，已经成为墨西哥风格的标志。

图1-33　巴西柯帕卡帕那海滨大道的抽象图案铺装　　　　图1-34　巴拉甘设计的"俱乐部社区"中的"情侣之泉"

知识链接　古代中国的城市设计与景观设计

　　中国古代城镇是按照一定的形制规划建设的。城镇的主要功能建筑有官衙、府邸及庙宇等，唐宋以后，商业和手工业逐渐发达起来，《周礼·考工记》所记载的"匠人营国，方九里，旁三门，国中九经九纬，经涂九轨，左祖右社，前朝后市，市朝一夫"概括了中国古代都城的设计原则：官衙居中，尊祖重民，功能清晰，严谨规整，棋盘式的街道和街坊的划分体现了主次有序、均衡稳定的空间构图，符合中国古代的社会政治理念和审美观。

　　历代王朝都倾注全国的力量建设都城，犹以唐长安、元大都、明清北京城为最。长安城是当时全国最大，也是世界最大的国际性大都会。宫殿居北，统领全城，城区划分成108个坊，商业集中在东西两市，坊有城墙，封闭管理，是典型的"城中城"。城中的朱雀大街宽150m，作为中轴线，超越了功能的尺度只是为了突出王朝的雄伟和仪仗的需要。中国自宋代以后，由于经济和贸易的发展，城中的商业、娱乐、休闲等活动活跃，导致坊里制的分区形式解除，拆除坊墙，沿街开店，城市生活丰富多彩。住宅布置在巷内，以取得安静的环境，"街巷结合"成为一种新的道路和分区系统的形式。

　　11世纪出现的平江府图是世界上第一幅用精确比例绘制的城市设计图，如图1-35所示。它描绘了宋代平江府（今苏州）的城市空间结构——矩形网状的街巷与河网相结合，行人与商业在前街，水源和交通（舟运）在后河，这种"前街后河"的城市空间系统，也成为城市的景观特色。

　　明清北京城是公认的世界罕见的城市设计杰作，15世纪初，由元大都移位发展并扩建而成，遵循了自古以来都城设计的形制，又因地制宜地引入西山的水系，在城市中心形成三片水面，使占地62km^{2}的内城空间结构既严谨又生动，同时整个人造的都城又包含着自然的形态。格网式的道路系统，以及按功能不同而宽度各异的大街、小街、胡同，有机地组成网络。都城的设计借金碧辉煌的皇城与灰色平坦的民居形成的强烈对比，以突出皇权。布置在重要地位的坛、塔、庙宇、牌楼等建筑物，其高度、尺度、形体都要服从于整个空间构架的需要。

中国古代的城市景观不仅依存于城市设计，同时各时期丰富的建筑特征与园林景观也成为体现城市特色景观的重要资源。中国造园历史悠久。史料记载，殷商最早的苑囿多借助天然景色，人工挖池筑台，掘沼养鱼。其地域宽广，一般是方圆几十里甚至上百里，供奴隶主在里面进行游憩、礼仪等活动。苑囿的娱乐活动不止供狩猎之用，同时是欣赏自然界动物活动的审美场所。汉代建筑艺术的发展，为木结构建筑打下了深厚的基础，形成了中华民族独特的建筑风格，各种形式的屋顶造型及建筑色彩丰富了园林建筑的多样化形式。发展到唐宋，寺观园林、私家园林、皇家园林都有了一定的规模。宋代的造园活动，由单纯的山居别业转而在城市中营造城市山林，由因山就涧转而人造丘壑，因此大量的人工理水、叠造假山，再构筑园林建筑成为宋代造园活动的重要特点。唐宋时期的园林效法自然，往往又高于自然，极富诗情画意，形成写意山水园，不仅在形式上，而且在造园手法上，均开创了新风。特别是在一些本来就具备丰富风景资源的城市，如杭州等地，通过开发、利用原有的自然美景，逢石留景、见树插荫、依山就势、按坡筑庭，逐步发展成更美丽的风景园林城市，如图1-36所示。到了明清时期，中国古典园林达到了顶峰时期，元明清三朝建都北京，北京也因此成为著名的园林胜地，如图1-37所示；而苏州、杭州及江南的私家园林，造园艺术融合了自然美、建筑美、绘画美和文学艺术，并高度统一，形成了中国自然式园林的艺术风格，如图1-38所示。

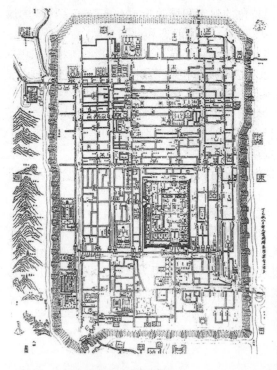

图1-35　宋平江府图

图1-36　杭州西湖

图1-37　北京因皇家园林而成为园林胜地

图1-38 苏州园林

思考与练习

1. 思考世界景观设计的风格及各阶段出现的设计流派和主要设计人物。
2. 选取某一位设计大师，并选择其2～3件作品进行分析。

课题二　城市景观设计基础

学习要求与目标

了解城市景观的构成特征和原则，对整个城市景观设计体系有一定的研究，了解设计方向和评价标准，并形成相应的理论基础，为将来的设计创作服务。

学习要点与难点

景观设计基础包括特征、原则、趋势、评价等多个方面，对城市各种开放空间的研究为学习重点，通过对西方发达国家的城市设计评价标准的学习，建立相应的景观评价体系，提高审美能力是关键。

2.1　城市景观设计导向

2.1.1　城市景观的构成

城市景观是城市空间中由地形、植物、建筑、构筑物、绿化和小品等组成的各种物理形态的表现，也是由人们的行为和心理组成的具有文化特征的精神形式的表现，是通过人的五官及思维所获得的感知空间。城市景观的构成因素大致可以分为三大类：自然因素、人工因素和社会因素。人们根据主观意愿正确地组织各种有形物质因素，协调创造无形因素，多样性的构成因素决定了城市景观的特色，如图2-1、图2-2所示。

图2-1　建筑群与城市绿化相互掩映

图2-2 悉尼港口现代建筑群

1. 自然因素

城市赖以生存的地理环境和自然景观是创造城市景观的重要因素。构成城市景观的自然因素包括地形、水体、植物及气候等。自然地形—— 平川、丘陵、谷地等，不仅是城市的地表特征，而且提供了各具特色的景观因素；山体可以丰富城市的空间层次，并可以作为城市构图和定位的重要因素；水体则是城市景观组织中最富有生气的自然因素，其体态多姿、充满变幻的特征能够构成城市空间中最有魅力的场所；而植物则在划分空间、强化地方性景观上具有重要的意义，同时可以作为时间、季节的见证。

2. 人工因素

人工因素是人们根据主观意愿进行加工、建造的景观因素，主要包括建筑物、构筑物和其他人工环境因素，最大的特点就是人为建造，带有强烈的主观色彩。建筑物是城市中一个最为基本的构成要素，不同的使用功能、建造技术和审美要求推动了建筑的创新与发展，使其成为记载人类进步的石头史书。城市环境是一个高密度、多因素的综合环境，是一个不断积累的过程，任何一幢新的建筑物都涉及与已存景观环境的关系，并具有创造和组织新的城市景观和改变原有环境景观的功能，因此，规划与建筑设计应当努力创造一个整体的多功能的环境，把每座建筑当做一个连续统一体中的一个要素，能同其他要素对话，以完善自身的形象。而构筑物则因为特殊的造型，往往成为城市景观中不可忽视的重要因素。设计者应该重视建筑环境与功能的要求，使建筑形式与景观艺术互为补充，相得益彰。

3. 社会因素

社会因素是一种无形的影响因素，包括人们在日常生活中的体验、人与动物的活动等。城市生活涉及每个城市居民，他们既是城市环境的规划者、建设者，又是使用者、评判者，公众参与到了城市的建设与发展中去。

这些要素相互作用、相互结合，使城市景观呈现出不同的表现形态，包括物理形态、生物形态和文化形态。在城市景观的演化过程中，物理的、生物的、文化的形态在时空中所呈现的诸种组合构成了城市景观设计的依据，其中时空的诸多形态组合构成了城市景观设计的科学前提。

2.1.2 城市景观的特征

城市景观的含义是随着时代的发展而不断变化与完善的。从建筑学角度来看，城市景观只是不同元素之间的视觉效果；从心理学角度出发，则把城市景观理解为被感知的视觉形态与相互的关系。实际上，城市景观的特征是多方面的，可以概括为复杂性、历史性和地域性三大特点。

1. 复杂性

城市景观是在城市历史发展过程中逐步形成的。各种历史事件、不同历史时期当政者的政策、各阶层民众的需求与认同，都或多或少地在城市景观中留下了痕迹。而这种历史的塑造过程从来没有停止过，随着时代的变迁而不断地持续发展，从而使城市景观呈现出复杂性。

2. 历史性

城市景观的历史就是人类文明的历史、城市的历史、城市规划的历史。城市景观是一种历史现象。每个社会都会有其相对应的文化，越是大城市，其景观分期就越是繁复，因为它集中了各时代的历史建筑遗存和不同文化背景的人物事件。复杂城市景观的时间结构不仅提供了景观的多样性，在各种景观的交融渗透中也产生了新的更新文化。

3. 地域性

不同的地域有着不同的城市景观分期及其组合。不同的城市发展历史和社会背景，形成的是具有不同表现和内涵的城市景观。由于受到自然地理条件的限制、城市发展性质的制约，以及城市社会文化背景的传统约束，因此呈现出与别的城市不一样的城市结构布局和景观特点。在世界的每一个角落里，各具特色的地域文化孕育了本土的建筑文化和特有的场所精神。

2.1.3　城市景观设计的原则

城市景观是物质环境的视觉形态。对一个城市而言，仅有一个、两个令人满意的或是兴奋的景点是远远不够的，城市的个性与特色在于它独特的地理地域环境、特有的历史人文景观和生活方式的演变。城市景观设计必须研究城市有价值的景观资源，合理地组织城市景观结构体系。

1. 多样化统一的原则

城市中的任何一个要素、任何一个空间环境都不可能独立存在。人类活动的连续性表明，城市作为由若干个子系统组成的大系统，必须是一个整体，城市景观体系必须保持与之一致的特征：多样化统一。多样化表现为城市子系统在不同空间环境的个性与特征；统一是指城市景观必须是一个和谐的整体，各系统单元有序协调，能真实地表现城市生活的丰富多彩。

2. 结构最优的原则

结构最优的原则强调的是完善城市景观基本单元，以合理的方式进行组织，使城市景观体系建立起稳定而明晰的内在结构关系。城市景观体系的设计应该依照景观单元的价值，划分成若干层次分明的、衔接有序的整体结构，确立城市景观单元的主导地位，使城市具有明确的方位感。人们可以从城市任意一点开始，感知城市景观的过程，或在某一节点向多方向进行，从而组成不同的城市景观序列。

3. 有机生长的原则

城市景观体系应该以城市结构的扩展为依据，随着城市的发展有序而合理地生长。有机生长原则的核心是将城市景观体系作为城市物质环境的视觉形态，真实地记载城市的发展过程，并随着城市的发展而发展。城市更新应当在城市景观体系及重要标志物的控制下表现出城市发展连续性的特征，保留城市在各发展阶段有价值的景观作为城市发展的标识，真实地表现城市环境与自然、历史与日常生活的和谐关系。

4. 突出特色、强调立意的原则

特色是指城市景观是在自然景观的基础上通过创造或改造，运用艺术加工和工程实施而形成的艺术作品，每一个场所都有其自然和文化的历史过程，形成地方特色及地方含义。立意主要体现在新观念、新思维、新视角的开发，以及新的审美价值的追求上，体现出一种与时代同步甚至超越时代的、求新求异的创造性思维。

5. 保护与更新并存的原则

任何城市，除了短期完全新建的以外，都有自己的历史。对于传统城镇村落、历史街区、名胜古迹、保护建筑等宝贵的人文景观资源历史遗存，应采取相应的措施进行保护和开发。在旧城改造和城市重建中，要认真分析历史遗存的具体位置及与区域空间的逻辑关系，挖掘和利用这些宝贵的人文景观资源。历史和文化的延续应以发展的观点，研究历史遗存与城市空间形态之间的联系，在城市中心区既表现出历史的发展轨迹，又利用现代技术跟上城市更新的步伐。

2.1.4 城市景观设计的审美价值

1. 美学价值

城市景观规划的基础是空间设计，以艺术的手法，从绘画、雕塑、音乐及建筑等方面，研究造型的决定因素，满足人的五官对于景观艺术的需求。它侧重于研究城市空间形态、城市竖向轮廓、建筑高度分布、景观视廊系统、城市建筑景观等。

城市景观设计的美学评价来源于人类的精神需求。由精神需求延伸出去的对景观的审美要求包括：自然性、稀有性、和谐性、多彩性，空间上开放结构与闭合结构的联合，时间上观察随季节或年度变化而变化。城市景观的美学价值范围广泛，内涵丰富。随着时代的发展，人们的审美观也在变化。人工景观的创造是工业社会强大生产力的体现，城市化与工业化是相伴而生的。然而，久居高楼如林、人声嘈杂、空气污染的城市之后，人们又希望亲近自然和返回自然，这成为一种时尚。

2. 美学核心

景观美学研究城市景观的审美特点和规律，探讨如何协调组织构成城市景观的各要素，使其成为赏心悦目的审美对象。景观美学与建筑美学同属于空间艺术美学范畴，但是较建筑美学研究的单体建筑特点与规律，景观美学更加侧重于建筑与建筑之间、建筑群体之间、建筑与周边环境之间的和谐，追求的是一种城市形象的整体美，如图2-3～图2-5所示。

图2-3 古典与现代建筑在城市中互相映衬

图2-4 佛罗伦萨建筑群与周边环境和谐共生

图2-5 现代建筑群体现出城市整体形象美

景观美学的核心包括了三个方面。

（1）形态美：即通常所说的视觉景观的美感，给人以欢快愉悦、赏心悦目、流连忘返的感受。

（2）生命美：指生命系统的精华和神妙，包括高等动物、植物和人类自身，当前世界对维护生物多样性的重视正是这一思想的体现。

（3）生态美：可以归纳为对自然真谛简洁明快的表达，反映的是人对土地的眷恋，并具备了有着美丽外表、良好功能的生态系统和按照生态学原理、美学规律来设计的特点。

2.1.5　城市设计指导思想的演变及趋势

设计是一种有意识的活动。城市景观设计是人作用于城市空间的一种活动，是在一定的社会形态下，政治、文化、哲学、道德意识形态的综合反映。在城市设计中存在着一种高于技术性的指导思想，如今世界上诸多的重要大城市都是在这个不断演变的指导思想上产生的。

城市设计指导思想的历史演变脉络遵循了"神——权——人"的基本特征。这个演变脉络与人类发展的过程大体是一致的。古代，由于人类知识的局限性，神是至高无上的。出于不同的文化传统，古希腊直接把神庙放在城市的核心地位；中古世纪，教堂是城市最高的标志物，高直的教堂尖顶和狭窄的街道构成了神权至上的城市印象，如图2-6所示。绝对君权时期，神开始让位于权，巴洛克式的城市设计强烈地使人感到权的存在和威力，如图2-7、图2-8所示。中国古代城市是"君权"的典型，"筑城以卫君，造郭以守民"是中国古代城市设计的一条设计原则，也是中国古代城市的写照。统治阶级和民众住在城市的两个部分，享用着完全不同的两种空间环境。"人"在现代社会才逐渐提高地位，虽然早在文艺复兴时期就被提出，甚至在中国一些私家的宅院空间中也有体现，但是反映在城市设计上往往被"权"所湮没。

虽然指导思想的发展是曲折的，但是在人文主义、环境主义的影响下，现代城市设计思想发展的趋势和前景是：

（1）"以人为核心"将成为城市设计的基本理念和原则。

（2）在城市空间的尺度上，宜人将更多地取代宏大。

（3）设计观念上，从"改造"自然转化为"亲和"自然，从"改造"旧城转到"新与旧的有机结合"。

（4）在结构形态上，"开放"取代"封闭"，"灵活"取代"僵硬"。

（5）"可持续发展"的概念、"绿色"的概念会更多地渗透到城市设计的各个方面。

图2-7　巴黎星形广场与凯旋门平面

图2-6　佛罗伦萨尖耸的教堂成为中世纪城市的象征

图2-8　巴黎香榭丽舍壮观宏伟的街道景观

2.2　城市景观设计体系

由于城市景观设计研究的对象涉及的专业范围较广，因此需要设计人员掌握相关理论的基础知识。按学科分类，主要涉及城市规划学、地景学、建筑学，美学和环境心理学，生态学和植物学，社会学和经济学四个方面。随着人文科学和心理学研究的深入，景观心理学将成为心理学的又一分支，以探索人与城市空间景观之间的互动关系。

一般来说，城市整体景观体系主要包括城市绿色系统规划、城市公共开放空间、人类学景观和历史景观保护几大类别。这里主要讲前两个体系。

2.2.1 城市绿色系统规划

城市绿色系统规划是在城市发展战略或城市总体规划纲要指导下相对独立的规划体系，与城市总体规划同步进行，与园林绿地系统规划、环保环卫规划、风貌特色规划、城市设计构成互补关系。从宏观到微观，城市绿色系统规划可分为城市绿色空间系统规划、绿色空间序列规划和环境设计三个层次。每一层次包含空间性质、功能、生态质量、绿化、环保环卫、人群行为、艺术特色、景观风貌等内容。其规划内容主要包括以下六个方面：

（1）制定城市绿色空间系统建设的总体目标。在调查研究的基础上，制定城市空间系统在不同发展时期的生态环境质量、绿化水平、社会服务、特色风貌等目标。

（2）城市人群休闲行为的研究与预测。对城市居民和外来旅游者的心理需求、人口特征、活动规律、休闲方式选择等内容进行调研和趋势预测。

（3）绿色空间序列规划。对城市空间进行调整，形成点形、带形、场形空间相结合的空间系统。

绿色空间包括公共绿地、城市滨水地带、运动场、游乐园、城市广场、主要街道、大型建筑庭院、居住区绿地、防护绿地、生产绿地等。规划设计要对用地规模、空间规模、空间序列组织、空间视线、环境效益等方面进行综合研究。

（4）绿色空间功能规划。绿色空间功能规划包括生态效益功能、活动利用类型（游憩、娱乐、运动、集散、停留、展示、分隔、交通）和人群交通、文化艺术等各项功能。规划要对城市各主要空间作出系统的主、次功能认定。

（5）绿色空间系统特色风貌规划。在总体特色风貌目标控制下，充分考虑对主要绿色空间进行艺术风格、文化主题等方面的规划。

（6）空间环境规划。对城市主要绿色空间环境的人口容量进行测算，制定小生态环境目标（空气、湿度、温度、土壤、尘、噪声、风等）和环境保护治理措施。

城市绿地的主要功能是调解城市生态环境和作为居民接触自然的游憩空间。绿化规划对"点、带、场"空间进行全面的绿化指标控制。基于各空间功能、生态指标、建设条件，确定各空间绿化指标的时效要求。绿化指标包括绿化覆盖率、绿地率、绿视率、郁闭度、叶面积系数等。绿化规划时，要对各主要空间植被特征加以规划。

2.2.2 城市公共开放空间

1. 城市道路

道路是构成城市形态的基本要素，其他环境因素多是沿线布局。道路联系着城市的各种使用空间，承载着机动与行人交通，同时起着组织城市景观体系和联系城市其他空间的作用。道路与道路、道路与河流的交叉节点在城市景观设计中起着积极的控制作用，节点如果结合街头绿地或广场布局，将成为城市中的战略性地点。城市道路空间由机动车道、步行道、道路绿化和道路两侧的沿街建筑构成。便捷的交通设施、平整的步行道、荫蔽的行道树和优美的街景建筑，均是创造道路景观的重要内容，如图2-9所示。

2. 城市公园

城市公园是城市中的绿洲，为城市居民提供了观赏、休闲、游览及开展娱乐、体育等活动的场所，满足了市民接近自然的需要，是城市绿地系统的重要组成部分。城市公园对于美化城市、改善城市小气候、保持水土、净化空气、调节温度、防风固沙、平衡城市生态环境等均有积极作用。保护和提供这种有价值的资源，可大大提高城市空间环境的质量。城市公园把大自然引进了城市，是城市中最具自然性的环境，是人们游憩活动的最佳去处，如图2-10所示。

由于所处地理位置和功能要求的不同，城市公园呈现丰富多样的种类。城市公园一般分为城郊的森林公园、游览公园、风景公园，城市中心区的城市公园、区域公园、居住区公园，以及动物园、植物园、体育公园、文化公园等专类公园。

3. 城市广场

城市广场是城市开放空间的主要形式之一，一般由周围的建筑围合而成，是室内活动场所的延伸，是市民交往活动的空间，如图2-11所示。城市广场按其性质、用途，可分为休闲广场、纪念广场、商业广场、宗教广场和交通广场等类型。城市广场一般位于城市中心区域，具有丰富的空间形态和完善的使用功能，对周围建筑和环境能产生向心力，是城市空间和景观设计的基本要素之一。休闲广场是市民城市生活的重要场所，多布置在城市人口集中的地区，主要供市民进行文化、休闲活动；纪念广场中的主体是具有重大历史意义的建筑物或构筑物，是被市民认同的城市人文标志，供市民、游客瞻仰和游览；商业广场集购物、休息、娱乐、观赏、饮食、交往于一体，是现代城市进行商业贸易的活动场所。

4. 滨水区

滨水区是指临海、临湖、临河的区域，陆地和水交汇的边缘，两种完全不同实质的界面在这里自然地衔接和融合。由于自然景观的优势，滨水区为城市人文景观的形成提供了良好的环境背景，水面使优美的建筑群天际轮廓线在波光鳞鳞的光影中充分展示，形成城市中最有魅力的地区之一，如图2-12所示。滨水区在城市中具有自然山水的景观情趣，以及公共活动集中、历史文化因素丰富的特点，并具有导向明确、渗透性强的空间特征，是自然生态系统与人文景观系统交融的城市开放空间。

图2-10 伦敦海德公园景观

图2-9 日本横滨街道景观

图2-11 伦敦特拉法尔加广场景观

5. 城市标志物

标志物应该具有识别性及空间的突出性，竖向高耸的标志物由于与周围建筑的对比，使行人在各方向都能看见，成为引导道路的目标，如图2-13所示。城市标志物包括自然的山峰、现代高层建筑或建筑群、纪念碑、电视塔、悬索大桥等。高层建筑作为人类技术成就的一种标志，是城市中最具有表现力的形式之一，它标志着土地的经济利用，同时构建了崭新的城市空间形态的景观坐标体系。城市标志物是城市空间的战略控制点，对城市整体空间的构架起着重要作用。高层建筑群对城市中心而言，能形成完美的现代城市轮廓线，也可以为人们提供良好的视觉景观。城市中心区的金融、商贸、旅馆等区域易形成建筑群。

6. 环境小品与设施

近年来，城市景观设计不仅广泛应用于城市规划和环境建设之中，而且作为城市景观设计微观部分的环境小品艺术，也取得了丰硕的成果。环境小品运用植物、水、石材、不锈钢、灯光等多种材料，吸收文化、历史等人文内容，甚至把阳光、风向等也作为考虑因素，结合特定的空间环境，创造出色彩丰富、形态各异的作品，成为城市空间艺术不可或缺的一部分，如图2-14所示。其主要形式有雕塑、喷泉、植物造景、建筑小品、建筑装饰、环境设施等。环境小品的尺度必须适合周围的空间，才能产生有趣的效果，给人以深刻的印象。

图2-12　悉尼港滨水景观

图2-13　英国海滨小镇街头小品

图2-14　伦敦标志物——大本钟

2.3　城市景观设计的现状与评价标准

2.3.1　城市景观设计的现状

随着工业化的进程，现代的、优秀的城市景观设计为现代城市创造了功能合理、形象优美的城市空间，满足了现代城市各种活动的需要。从整体的城市、地区、场所、街道、广场到每个人身边的小品、设施、标识等大量令人难忘的作品，塑造了现代城市的空间和形体。从而促进了城市的经济发展、社会进步，提高了生活的质量，体现出现代的美感，满足了人们物质和精神方面的需要。

第二次世界大战后，欧美国家急需解决城市发展问题。受当时现代建筑功能主义的影响，许多城市的建筑呈现出骨牌式千篇一律的面孔。人们创造出现代物质与技术高度发达的空间结构，是一种庞大的、功能分明的机器构架：宽大平直的马路上充斥着汽车；高楼入云、尺度超人；自然的地形、水面、植被遭到无情的破坏；历史遗迹被湮没；传统和文脉被割断。城市丧失了活力，人性的尊严和价值被科技成果贬低了，人与自然及社会的关系越来越远。

我国的城市规划和城市景观发展在近代趋于停滞状态。20世纪80年代以来，随着城市开发建设的飞速发展，原先韵味十足的老城区在片片高楼的崛起中变得模糊。我国在城市景观设计上的问题主要表现在以下几个方面：

（1）城市形象趋同，特色减弱。

（2）城市整体景观不协调，建筑忽视整体空间形象。

（3）城市景观重形式轻功能，缺乏市民的共同参与。

（4）城市传统风貌遭到不同程度的破坏，历史文化遗存缺失。

（5）城市环境设施水平低下。

2.3.2　城市景观设计的评价标准

任何一个学科、一项工作都应该建立自己的评价体系，以衡量成果的优劣。现代社会的发展变化很快，城市景观设计还不能建立一套很完整的标准，但是评价的重要性却是显而易见的，而且贯穿于整个设计过程中，同时也起到指导作用。虽然目前还没有出台专门的城市景观评价标准，但是城市设计的一些评价内容可以作为参考依据。

1．城市设计十大评价要素

1）适宜的容量。

2）宜人的环境。

3）多样的综合。

4）便捷的通达。

5）与自然的结合。

6）文脉的连贯。

7）清晰的结构。

8）视景的和谐。

9）空间的特色。

10）发展的余地。

2．国外评价标准

20世纪60年代以后，欧美一些发达国家十分重视城市设计的评价。评价因素体现着设计理念，评价与设计经验相结合是比较实际、实用的做法。对于什么是"优秀的城市景观设计"，英美各国提出了自己的评价标准。

（1）英国

1）重场所（place），而不是重建筑物。城市景观设计的结果应该是提供一个好的场所为人们享用。

2）多样性（variety），多种内容的活动能使人产生多种感受，可以吸引不同的人在不同的时间以不同原因来到这里。这是创造赏心悦目的城市环境的一个重要因素。

3）连贯性（contextualism），在旧城市改造中应该仔细对待历史的和现有的物质形体结构。人们愿意接受有机的和渐进式的变化，喜欢历史的融合。

4）人的尺度（human scale），以人为基本出发点，重视创造舒适的步行环境，重视地面层和人的视界高度范围内的精心设计。

5）通达性（accessibility），社会上不分年龄、能力、背景和收入的各种人，都能自由到达城市的各场所和各部分。

6）易识别性（legibility），重视城市的标志和信号，将其作为联系人和空间的重要媒介。

7）适应性（adaptability），是指成功的城市设计应具有相当的可能性去适应条件的改变，以及不同的使用及机遇。

（2）美国

1）与环境相适应（fit with setting），这项协调性的评价包括历史文化要素的协调。

2）可识别性的表达（expression of identity），由使用者评价的，强调视觉上的识别度。

3）通道和方向（access and orientation），包括出入口、路径、结构的清晰、安全，目标的方位和标识指示等。

4）功能的支持（activity support），包括空间的领域限定、相应功能的明确性，以及与提供的设施相关的空间位置。

5）视景（views），研究原有的视景并提供新的视景。

6）自然要素（natural elements），通过地貌、植被、阳光、水和天空景色所赋予的感受，研究、保护、结合并创造富有意义的自然景象。

7）视觉舒适（visual comfort），保护视域免受不良因素，如眩光、烟尘、混乱的招牌或光线等令人讨厌的事物的干扰。

8）维护和管理（maintenance and care），便于使用团体维护、管理的措施。

思考与练习

1．思考城市景观的构成、特征、设计原则和设计方向。

2．思考西方发达国家与中国城市设计评价标准的差异，建立相应的景观评价体系，并能运用到目前的城市景观设计中。

第二部分

创意与表达

单元概述

本单元精心安排了两个课题来分别介绍城市景观设计的方法与程序，并针对某个教学案例进行重点讲解。本单元涉及诸多设计的方法，并结合实际案例进行分析，以相关参考实景资料加深理解。

学习目的

1. 通过该阶段的学习，基本掌握城市景观设计的方法与程序，并对当前世界发达国家城市设计要素的理论有所了解。

2. 运用城市景观设计的基本方法对教学案例进行分析，为进一步的学习打下基础。

课题三 程序与方法

 学习要求与目标

了解城市景观设计的程序、方法、设计目标与策划的过程，掌握一定的设计要素，以正确的方法来引导后期的设计创作。

 学习要点与难点

景观设计程序与方法的学习过程与实际的案例设计是紧密相连的。如何准确运用这些设计方法，包括设计语言的转换、目标的确定及各类要素和场地的分析，将会对后期的设计创作提供重要的依据。

3.1 设计的程序与方法

3.1.1 设计流程

景观设计的工作流程具有一定的特殊性，主要涉及以下几个步骤：

1）接受设计委托，与业主商议景观意向。

2）进行景观勘察，评价景观结果。

3）根据设计目标系统及评价结果进行景观规划设计。

4）与业主及相关规划管理部门共同进行规划评价。

5）根据规划评价意见进行初步设计，在此阶段需要与各相关专业取得协调。

6）根据初步设计的结果组织施工图设计。

7）与施工方进行图纸会审及图纸交底。

8）去施工现场进行必要的技术指导。

9）根据制定的景观养护计划，定期监督景观的养护与维护过程。

10）在养护过程中，应根据现场情况，对原有景观设计进行必要的调整和修改。

3.1.2 工作方法

工作方法要适应任务的要求和项目的特点，一般分为以下几种：

1. 图底分析法

图底分析法是城市设计常用的一种工作方法，同样适用于景观设计，主要用于对场地（或地区）的分析。其目的是明确地认识场地现有的建筑实体覆盖与开敞空间在量和分布上的关系与特征。这是认识城市肌理的重要手段。

2. 观察记注分析法

设计人对场地亲自勘察，以取得第一手资料。资料内容以人文、社会为主，特别要注意记注对空间环境的体验与感受，既要使用文字，也要利用地图。通过调查，形成纲要性的基础资料。

3. 景观视觉分析法

设计人对场地周围的自然环境和人造环境进行分析，主要从视觉角度分析，包括视点、主要视线和视线走廊、可能的视线阻挡等。分析中注意既要有静态的，也要有动态的，甚至包括在不同速度下所观察到的不同图景。

4．计算机模拟法

计算机模拟技术可以进行许多辅助设计的工作，包括分析、制图和三维动画等。

3.2 城市景观设计的目标与内容

3.2.1 城市景观设计的目标

1．城市景观设计目标的确立

由于城市景观设计涉及的范围相当广泛，设计场地的物理环境和人文环境也不尽相同，因此，专业的现场勘察和对已有资料的收集就显得尤为重要。

如何设立目标是设计的关键，不同性质的课题设计应该区别对待。比如调查使用者的身份和层次，他们的真正需求（精神层面），以及从使用者的角度观察，再加上功能性的需求演绎，就可以相对准确地设立目标。一般来说，基本的目标可以概括为以下几个方面：适用性目标、宜居性目标、社会性目标、环境性目标、形象性目标等，并以此进行深化、细化。

目标的实施需要在策划阶段制定文案。借鉴新闻学的手段，文案的确立和组织围绕以下五点展开：

（1）为谁设计（whom）。了解景观受众的景观需求是设计的首要问题。

（2）为什么设计（why）。这是对设计自身意义的追寻，应该在设计的文案阶段一一罗列需要解决的问题，并给出答案。

（3）设计的场所（place）。场所是景观设计中一个十分重要的内容。场所的环境包括物理环境和人文环境两大块，寻找不同的场所设计环境是设计勘察的意义所在。

（4）设计什么（what）。根据调查后得出设计结论，其所指的设计景观往往是多重含义。

（5）什么时候设计（when）。包括设计完成的时间，以及当下设计的时尚趋势和审美取向（有流变性特征）。

2．设计语言的转换

将文案中的文字语言转换为设计视觉语言，可以归结于"感觉"，还可以用发散性思维将一些感觉上的词汇转换为形象的联想物和事件。

以"浪漫"和"酷"为例，可以通过以下几方面来抽象归纳：

（1）形态：前者为舒缓动态的曲线形和散点构成；后者以直线的线面关系为主。

（2）色彩：前者为暖色调、中低明度和中低纯度；后者为黑白灰冷色系、低明度纯度或是高明度纯度。

（3）材料与肌理：前者哑光，触感柔软；后者光洁或极粗糙。

（4）节奏：前者舒缓；后者突变。

（5）比例与尺度：前者尺度近人，弱对比；后者强对比，尺度不近人。

通过对比不难发现，通感现象对于设计师具有强烈的设计导向，是一种能快速地找到情感语言的表达方式。

城市景观艺术设计是一门理性与感性交织的学科。在一定的理性规范的基础上进行无尽的感性创意表达正是艺术设计的精髓所在，这个阶段是整个设计过程中一个至关重要的阶段，直接关系设计的品位和表现力度问题。虽然形式美的规律是相同的，但是由于细小因素的不同，给人的视觉效果和心理效果是完全不同的，所以设计的创意问题应当体现出多样性，而不应该陷入固定的范畴之中。

3.2.2 城市景观设计的内容

城市景观设计塑造着城市未来的环境，以新的城市文化和景观创造着人们的生活。景观设计师以景观设计方案和表现图的形式来表达设计者的构思，达成业主、管理者、使用者和设计师之间的共识，使设计能够得到及时的补充和修改，让设计更加完善。

1. 景观设计前期对环境的分析

（1）基地分析图。基地分析图是指通过测量、勘探，绘制出的准备开发的基地现有原始地貌图，包括建筑物所在的具体位置、植栽情况、土壤结构、气候条件、排水系统安排、视觉的观察点及相关因素的规划组织。

（2）景观与周边环境的关系分析。景观与周边环境领域的划分是以入口与围合体为标志的，它们是环境与景观空间的邻接界面，既有外界空间的公共性，又有景观空间的独立性。景观规划的出入口既有交通要道的功能，又有强烈的领域感。景观空间领域的限定常采用围合体的形式，以墙栏、沟渠、护土墙、隔声墙、绿地、河流，以及标志着开放性边界、象征性边界的建筑等来划分内外区域。从这个角度出发，围护体作为一种景观审美因素而被设计成为别致的、个性的景观设施。

2. 城市景观设计要素

由于城市景观设计要素立足于城市设计的诸多要素，并将其内容继续深化扩展，范围更广更深，因此在具体考虑时应当以城市设计要素为基础，针对其所属的类别选择合适的设计要素及设计方法，具体问题具体分析。

参考美国和日本关于设计要素的理论，再结合我国近年来的设计实践，可以将物质要素归纳为以下几类，作为设计时的参考。这些设计要素并不是一定存在于每个空间，设计师可以根据设计项目的不同而酌情选择，进行有机组织。

（1）建筑：界面、立面、形体、高、宽、风格、色彩。

（2）墙面：广告墙、绿墙、隔墙、隔栏。

（3）绿化：草地、行道树、树林、公园、各类街头游园。

（4）道路：交通干道、步行道、商业街、林荫道、通道、出入口。

（5）光照：路灯、广场灯、泛光照明、霓虹灯等装饰照明。

（6）河岸：码头、护岸、栏杆、驳岸。

（7）桥梁：高、跨度、形式、色彩、桥头绿化、匝道。

（8）地道：出入口、坡道、照明。

（9）地面：形状、层面、铺砌、图案、颜色。

（10）广场：围合建筑、通道、硬地面、绿地、水池、雕塑、灯光、设施小品。

（11）步行街：通道铺砌、断面形式、商店、座椅、茶座、绿化、小品、广告。

（12）市场：通道、地面、排水设施、标牌、广告、小品、座椅、绿化。

（13）塔：古塔、电视塔、标志塔、瞭望塔、灯塔。

（14）街道设施：灯柱、路牌、交通指示牌、交通信号灯、垃圾桶、邮筒、公交车站、电话亭、人行天桥、座椅等。

（15）停车场：形状、通道、车位、铺砌地面、出入口、岗亭、车挡。

（16）雕塑：小品、纪念碑柱、浮雕墙、喷泉。

（17）声：交通噪声、广播、背景音乐、人声。

知识链接 西方城市设计主题

◆ **美国凯文·林奇归纳的五项要素**

凯文·林奇通过对美国三个城市居民的访问，在了解一般人对于所居住城市的印象后，归纳出城市设计的五项要素，即路径（path）、边界（edges）、区域（district）、节点（nodes）、标志物（landmarkers）。这五项要素同时也适用于城市景观设计，并起到决定性的作用。

① 路径。从城市设计的角度来看，路径是指城市中所有的通道，联系着城市的每个部分。路径包括道路、街道（以人行为主）、支路、小路等，功能各异，组成网络，哪条都不能堵塞。道路应该具有可识别性、连续性和方向性。道路的个性不取决于道路的宽度，而决定于道路两侧土地的使用和建筑物的性质。如果一味地设计宽阔的景观大道，只会让人产生茫然感，效果并不好。在大城市汽车交通日益增长的情况下，一种外加的快速路系统，打破了人们视觉上的协调，可以借大面积的绿地来淡化这种扰乱和突兀的印象。步行环境的创造是当今城市设计的一个主要问题，设计时应当考虑人行走时的方便、安全和多种需要，满足购物、观景、休憩的功能，形成城市形象的突出点。

② 边界。边界是除路径以外的另一种线形的要素。城市边界往往是河流、山脉、铁路、公路，或者是天然的与人造的隔离绿带。清晰的边界分隔出城市的区域，分清楚边界的两个侧面，同时形成一定的领域感，使城市形象明确而多样。城市河岸是突出形象的重要地段，各具特色的建筑群往往带给人很大的感染力，突出城市印象。

③ 区域。原有城市往往由于不同的自然条件和人工条件，如山、河、地形、道路、铁路等不同历史时期所形成的肌理、空间、形式、功能等，以及居民因不同的阶层、种族等，而构成不同的区域。每个区域的主题元素可以是一个，也可以是多个，有物质性的，也有社会性的。在大规模的旧城改造中，应当避免千城一面甚至区区同貌，保留城市的区域特征和边界。

④ 节点。城市的节点不是点，而是一个面、一个空间或场所。它可以是广场、重要道路的交叉口或整个区域中心，既是功能的聚焦，又是视觉和感觉的焦点。

⑤ 标志物。标志物是城市的突出形象。成为标志物的条件是多样的，可以是因为形体高大，也可以是因为形体小巧；或者可以是形式独特、具有唯一性，也可以是色彩对比突出于城市底色之上；或者是具有纪念意义或民俗风情。标志物可以使城市形象更加生动，富有情趣。大城市往往可以有多个标志物，可以是历史的、也可以是新创造的，但是应当把历史的、现有的和未来拟建的标志物统筹安排来考虑。

◆ **日本的城市设计主题**

20世纪60年代后，日本在经历了由于工业化、现代化过程造成的城市单调呆板的状况后，引入了西方城市设计理论，逐步形成具有日本特点的"城市创造"理论，创造出符合人的尺度的、有特性的、美丽的城市，并归纳出20项设计主题要素，比林奇的五项要素更为具体。

这20项主题包括瞭望、标志、水边、中心公园、花园路、街景、商业街、广场、街角、林荫道、散步道、历史纪念物、小品、路标、水、艺术品、立面、趣味、照明、广告。比如趣味，是非物质性的，体现在路边的小品、雕塑等物质性的要素上；比如瞭望，符合人们喜爱登高俯瞰的愿望，是提供从高处观赏城市的地方。人走在街头，一般10m以下是最能引起注意的部位，因此，橱窗、街角、路标及很多街道设施，如招牌、广告都能给人留下深刻的印象。

思考与练习

1. 思考景观设计的内容包括哪些方面，如何进行景观设计语言的转换。
2. 针对某个项目进行前期模拟分析，以明确各类设计要素和场地分析的重要性。

课题四 设计实训

 学习要求与目标

通过实际的教学案例，要求学生掌握景观设计的相应程序和方法，图样成果要求，了解设计和操作流程，以及在课程各阶段的学习重心，提高把控方案的能力。

 学习要点与难点

知识的学习和理解需要花时间去消化，最终的结果是实践项目的操控能力。领悟设计方法、操作流程，并将其准确运用是关键点。

城市景观设计专类课题内容广泛。为了更具说服力，本课题以居住小区景观设计为例，详解在课堂教学实践活动中的学习安排，从方案概念的提出到最终的设计完成，一一分解各阶段的设计任务。

4.1 确立设计命题

课堂上由教师设计一个居住小区的命题课题，可以根据班级的学生情况，以工作小组的形式进行实际的设计演练。针对项目的现状特点及设计定位，由教师提出具体的设计要求，最终通过一定的表现形式来表达设计构想。

4.2 景观设计的程序与方法及图样成果要求

1. 景观设计的程序与方法

景观设计始于调查阶段，包括立项、场地勘察、场地分析，即调查业主的目的、场地的尺度、使用者的要求等。调查结束后则进入方案设计、扩初设计、施工图设计和设计实施阶段。

（1）调查阶段（设计前期）包括查看土地，调查使用者与业主的需要，把握各项条件。

（2）方案设计阶段包括设计概念、主题、规划内容的设定，规划轴线、流线与空间功能布局，主题思想与具体表现形式定位。

（3）扩初设计阶段（技术设计）包括细化、深入方案，确定环境的整体与局部之间的具体用材和做法，编制概预算等。

（4）施工图设计阶段包括设计方案的定稿和深化，从城市建设角度协调解决各专业之间的技术问题。

（5）设计实施阶段包括图纸交底，局部修改等施工后期服务，协同甲方竣工验收。

2. 图纸成果要求

（1）方案设计成果内容包括规划设计说明、景观规划总平面图、各类规划分析图（现状、交通、功能、绿化等）、各类效果图（总体鸟瞰、重要节点透视效果、剖面和立面效果等）、各类设施示意图（铺装、环境设施、小品等）。

（2）扩初设计成果内容包括设计说明、平面图、分区细化平面图、剖面图、立面图、节点详图等。

（3）施工图设计成果内容包括施工图纸说明、平面图（总平面图、放线图、竖向设计图、绿化布局等）、分区细化平面图、剖面图、立面图、节点详图、设施布局等。

具体项目的实施操作大同小异，以上简单地列举了各设计阶段的方法与内容，有关设计流程的详解将在下面的案例设计中重点论述。

4.3 余姚金色兰亭小区景观规划设计实训

1. 项目流程

图4-1所示为项目流程示意图。

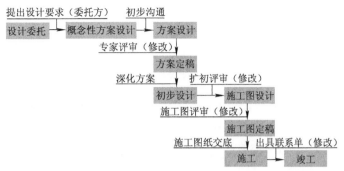

图4-1 项目流程示意图

课程设计流程遵循设计公司的项目操作特点，在常规流程的基础上进行局部调整。这里将本案的设计进行详尽拆分，着重突出从概念设计阶段到方案设计阶段，并对方案内容进行重点解读。

2. 各阶段任务重心

（1）概念性方案设计阶段。

概念性方案设计阶段是形成概念、确定风格基调和核心内容思考的阶段。这对于非直接委托项目来说尤为重要，它是关系甲、乙双方建立信任、达成共识、谋求合作的关键步骤。在此期间，双方往往需要反复沟通、多次商榷，以对彼此和项目本身有更加深刻的认识。

1）调查分析。景观项目虽然有用地红线，如果是小区等还有围墙，但从空间角度理解，它的边界又有着诸多不确定因素，甚至有着无限延伸的可能。必须对现场进行实地勘测，才能得出正确的认识。本案的前期调查分析工作主要基于以下三方面的考虑。

① 基地条件的考察。实地考察是设计师获取第一手资料的必要途径。从景观设计角度出发，首先考虑周边交通、道路与景观的关系，即基础设施的现状和未来情况等；其次是区域周边的自然景观条件如何加以利用等，包括地块的土质及周边植物的种类和生长情况，为后续设计提供依据和参考；最后是对本地块内的地形关系、空间尺度建立基本的概念。

② 当地市场调查评价。包括对周边房产市场，特别是项目所在区域楼盘的调查分析，主要是为景观的准确市场定位提供设计依据。在此基础上，综合楼盘的造价投入、风格取向等因素形成设计理念。

③ 建筑设计资料分析评价。包括空间布局特点（深化）、建筑风格（类型、造型、材料、色彩）、景观空间的特点、道路交通关系（停车、消防、宅间道路、出入口与城市道路的关系）。

2）设计创意。在前期调查分析的基础上，开始着手草图设计阶段的思考，即概念性方案的创意阶段。这一时期的绘图往往是从平面开始，由于项目规模较大，一般会从整体的空间结构关系和重要空间区域入手，以解决主要问题、主要矛盾为核心，以确定主要设计理念、风格定位为导向，从宏观角度把握各部分的关系。设计不一定形成系统，但要将表达的意思作为最重要的方面。

① 风格定位。小区的建筑定位为西班牙欧洲小镇风格。实际上，西班牙风格在建筑界并没有明确的定义，广义的西班牙风格是指地中海风格。基于此，设计借用"阳光地中海小镇"来加以理解或许更为确切，所以景观设计必须遵从建筑的风格定位及前期开发商的宣传导向。在地中海式建筑中，住宅庭院是最具特点的空间，艺术山墙和铁艺都是其风格体现的重要设计语言，因而可以将精致典雅、具有地中海小镇景观空间趣味的园林风格作为小区的基调和定位。图4-2所示为小区整体建筑规划效果图。

图4-2 小区整体建筑规划效果图

② 空间布局。设计围绕南北向景观主轴（整个小区的主线）展开，连接东西向景观次轴（入口引向中心花园）和若干小景，并考虑在小区西侧沿河形成带状景观步行长廊。

③ 重要景观区域设计。景观设计是一个由宏观到细部，由主要到次要的过程。主要空间的景观设计往往是业主最关心的地方，也是设计师着力打造的亮点景观。在概念设计中，一般要对这些区域有所交代，如小区中心景观、小区主入口景观、小区各庭院景观、小区沿河休闲景观。

3）设计成果。概念性方案设计并没有规范的成果要求，具体要根据项目的实际情况，以及甲、乙双方协商的内容。一般来说，概念草图可以表达设计师已经考虑的一些重要想法、理念和重要的区域设计，甲方通过这些资料促进双方交流的过程，并且能够对未来的景观效果有一个初步的了解，草图示意如图4-3所示。

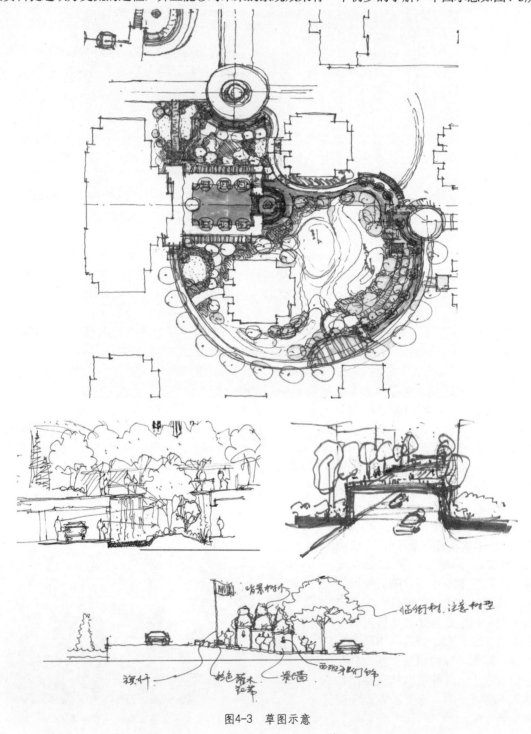

图4-3　草图示意

本案的概念性设计成果主要包括：

A．结合说明概念的草图。

B．初步景观平面总图。

C．重要景观区域的手绘草图。

D．配合说明概念的参考图片。

（2）方案设计阶段。

在前期的概念性方案设计中，由于概念清晰、思路明确，方案进展得非常顺利，甲、乙双方很快达成共识。因此在方案设计阶段，基本上秉承了前期的设计思路，并展开深入的空间景观设计。接下来，把重点放在分区块的详细设计上，并加以详解，其中穿插讲解对于总体空间关系的把控，如图4-4～图4-10所示。

1）入口形象区。入口对于一个社区的形象而言，是引人入胜的起始点，需要拥有宏伟的气势，使业主产生强烈的自豪感；同时需要具有鲜艳的色彩，产生热烈浓郁的家庭气氛。本案依据两个入口不同的空间进行详细设计，醒目的花岗岩标示景墙上有楼盘名称，两旁伴有灯柱呼应。景墙前是色彩鲜艳的花丛、灌木与洁净的常绿草坪。

2）中心花园。项目的主题体现在中心花园中。一层会所所在的中轴线上，设置了一个方形水池，两侧种植高大挺拔的华棕，与水池相映生辉。廊架与景墙共同围合出一块祥和舒适的交流空间。水流穿过特色拱桥，经过一层层地跌水流入小溪中。溪流伴随着曲折的园路汇入另一块跌水，水流被隔成一道道细纹，无声地跌落下来，在炎热的夏天带来沁人的凉爽。

3）宅间花园区。宅间花园考虑到高层业主对景观的俯视要求，将园路与空间运用具有强烈线条感的直线和曲线进行分割。同时结合功能考虑，安排了羽毛球场、健身场地及儿童活动场地。园路及空间在设计上同时考虑业主到达入户口与活动场地的便捷性，使业主感受到真正的舒适与自在。

4）架空层休闲区。架空层是业主相互交流、增进感情的场所，同时也体现出社区的人文氛围，使业主产生强烈的归属感。本案在架空层的墙面和地面上做文章，使当地著名的文人墨客及他们所留下的灿烂的文化遗产以浮雕的形式展现。空间中还考虑业主在强身健体的同时，情感与智慧的交流。

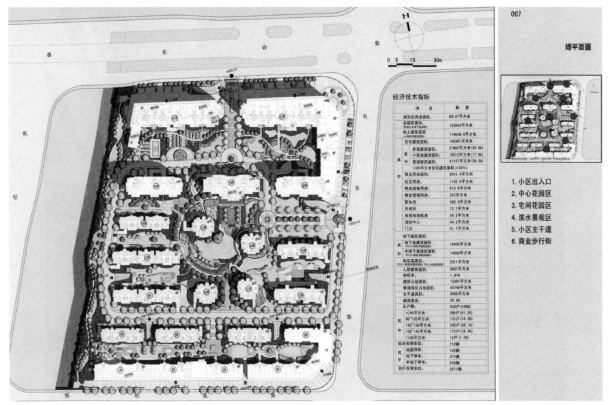

图4-4 景观总平面图

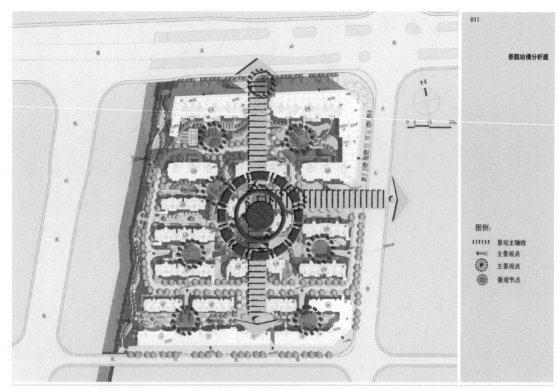

图4-5 景观结构分析图

图4-6 花园概念透视图

图4-7 花园中心景观效果图

图4-8 花园水景墙效果图

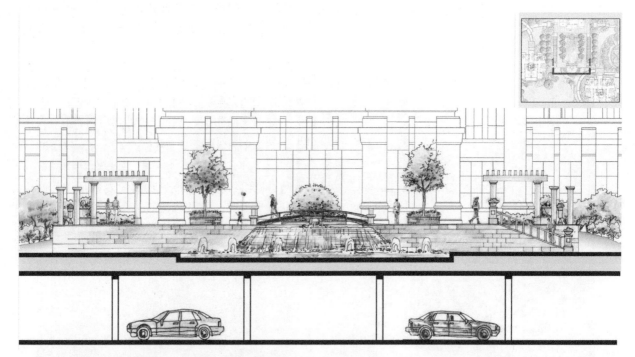

图4-9　花园立面图及剖面图

图4-10　宅间花园效果图

思考与练习

1. 思考设计的流程和操作方法，以及相应的程序。
2. 思考巩固课堂案例在每个教学阶段中应该掌握的内容，并尝试将这些方法运用到实际的项目中。

第三部分

分析与运用

单元概述

本单元依次精心安排了七个专题来详细阐述城市景观的构成，包括园林绿地景观、道路景观、广场景观、居住景观、滨水景观、城市历史文化景观、城市综合环境景观，并根据项目类别提供了诸多优秀的设计案例来加强学生对知识的理解。

学习目的

1. 通过不同类别的设计作业，使学生巩固对已学知识的运用和把握，了解实际操作应用的工作过程，并起到串联知识点的作用。

2. 通过课程的学习，学生能基本掌握景观设计的方法，提高设计的分析与应用能力，并针对不同的项目，熟悉景观设计的全部工作过程。

课题五　园林绿地景观

学习要求与目标

了解园林绿地景观的基本构成，掌握城市公园绿地的发展演变历史和各类公园，如综合公园、儿童公园、植物园等场地的设计规范和要点。

学习要点与难点

通过对国内外优秀案例的学习，使学生强化概念，加深理解。在掌握设计理论的基础上，如何将要点转化运用到设计实践上是这个阶段的重要事项。

5.1　城市公园绿地的分类系统

虽然世界各国对于城市公园绿地没有形成一个统一的标准，但可以从中窥见一斑，对主要国家的城市公园绿地有所了解。

1. 美国

美国的城市公园系统包括儿童游戏场、街坊运动公园、教育娱乐公园、运动公园、风景眺望公园、水滨公园、综合公园、近邻公园、市区小公园、广场、林荫路和花园路、保留地等。

2. 德国

德国的城市公园系统包括郊外森林公园、国民公园、运动场及游戏场、各种广场、分区园、花园路、郊外绿地、运动公园等。

3. 日本

日本的城市公园系统包括居住区基干公园、城市基干公园、广城公园、特殊公园等。其中公园的细分详见表5-1。

表5-1　日本公园的细分

都市公园	居住区基干公园	儿童公园
		近邻公园
		地区公园
	城市基干公园	综合公园
		运动公园
	广城公园	
	特殊公园	风景公园
		植物园
		动物园
		历史名园

4. 中国

按照主要功能和内容，中国的城市公园绿地可以分为综合公园（全市性公园）、社区公园（小区游园）、专类公园（儿童公园、动物园、植物园、风景名胜公园、游乐公园等）、带状公园和街头绿地等。

5.2 城市综合公园规划设计

5.2.1 综合公园概述

综合公园是指在市、区范围内为城市居民提供良好休憩、文化娱乐活动的综合性、多功能、自然化的大型绿地，园内设施活动丰富完备，适合各阶层的城市居民进行一日之内的游赏活动。作为城市主要的公共开放空间，综合公园是城市绿地系统的重要组成部分，对于城市景观环境的塑造、城市的生态环境调节、居民的社会生活起着极为重要的作用。

1. 功能

（1）游乐休憩方面：为增强人民的身心健康，设置游览娱乐休息设施时，应当全面考虑各年龄、性别、职业、爱好、习惯等不同的要求。

（2）文化节庆方面：举办节日游园活动，为少年儿童组织活动提供场所。

（3）科普教育方面：展示科学技术的新成就，普及自然人文知识。

2. 内容设置

综合公园可以考虑设置以下内容：

1）观赏游览。

2）安静活动。

3）儿童活动。

4）文娱活动。

5）科普文化。

6）服务设施。

7）园务管理。

在综合公园内可以设置以上各种内容或部分内容。如果只以某一项内容为主，则成为专业公园。例如以儿童活动内容为主的儿童公园、以展览动物为主的动物园、以展览植物为主的植物园、以纪念某个事件或人物的纪念性公园、以观赏文物古迹为主的风景名胜公园，或者其他主题的雕塑园、盆景园，以及体现体育活动内容的体育公园等。

5.2.2 综合公园设计要点

1. 布局设计

（1）公园的出入口设计对于设计成功与否起到关键的作用。出入口的设计影响公园的可达性程度、园内设施的分布结构、人流的安全疏散、城市道路景观的塑造、游客对公园的第一印象等。出入口的设计应当考虑对于城市街景的美化作用及对整个公园景观的影响。出入口的平面布局、立面造型、整体风格应当根据公园的性质和内容来具体确定。一般公园大门的造型都与其周围的城市建筑有较明显的区别，以突出特色。

公园出入口的建筑物、构筑物包括集散广场、大门、停车场、售票处、小卖部、信息中心、办公室、休息廊架、游览指示等。

（2）综合布局要有机地组织不同的景区，使之各有特色又相互联系。考虑游人观赏公园的方式，合理安排动观和静观的点和视线。设计组织游览路线时，使景色的变化结合导游线路布置，产生连续的视线画面。导游线路常用道路广场、建筑空间和山水植物的景色来吸引游人，可增强造景艺术效果的感染力。

　　景点与活动设施的布置要有构图中心。在平面布局上，游览高潮一般为公园主景，立体轮廓上的视线观赏制高点可以由地形、建筑、树木、山石、水体等高低起伏形成，或是结合地形设计，或是依据植物的林冠线，形成有节奏、有韵律感的、层次丰富的视觉效果。

　　（3）公园的规划布局应根据实际地形，采用适宜的形式。布局形式一般分为规则式、自然式和混合式三种。

　　规则式布局强调轴线对称，多用几何体，比较整齐，有庄严、雄伟、开朗的感觉。

　　自然式布局是指完全结合自然地形、原有建筑等现状的环境条件而灵活布置的，有主次之分，没有一定的几何规律，可以形成富有变化的风景视线。

　　混合式布局是指部分地段规则式，部分地段自然式，以取得不同的园景效果，一般在占地面积较大的公园内采用。

　　2．功能分区

　　在面积较大、活动内容复杂多样的综合公园，通过功能分区可以合理安排各种活动，以方便使用。综合公园一般可以分为安静游览区、文化娱乐区、儿童活动区、园务管理区和服务设施区等。

　　（1）安静游览区在公园里占地面积最大，主要是作为游览、观赏、休息、陈列的场地，需要大片绿地，宜选择原有树木最多、地形变化复杂、景色最优美的地方。

　　（2）文化娱乐区一般设置在公园的中部，是全园人流相对集中的场地。区内要考虑足够的道路、广场、可利用的自然地形和生活服务设施，各项活动内容可以借树木、建筑、山石等加以阻隔。

　　（3）儿童活动区可以根据儿童的年龄或身高分别设计。在道路、小品、植物品种及活动内容的布置上，要考虑儿童的心理，同时还要考虑成人休息和看管儿童的需要。

　　（4）园务管理区应当适当隐蔽，四周与游人有所隔离，对外要有专用的出入口，功能建筑可以采取集中布置或分散处理的手法。

　　（5）服务设施区是为全园游人服务的，应当结合导游线路和公园活动项目分布，服务点则是按照服务半径和游人的多少设置，设施包括饮食小卖部、休息、公用电话等。

　　3．其他

　　（1）建筑设计。建筑是城市公园的组成要素，在观赏和功能方面都存在着不同程度的要求。建筑的选址和造型十分重要，在公园的布局和组景中能起到控制和点景作用，即使是在以植物造景为主的点景中，也有画龙点睛的作用。

　　公园建筑造型包括体量、空间组合、形式细节等，必须与周边环境融合，注重景观功能的综合效果。一般体量要轻巧、空间相互渗透。若是功能复杂、体量较大的建筑，一般采用化整为散的方法，采用庭院式布局，可以取得功能与景观两相宜的效果。

　　（2）绿化配置。公园植物品种繁多，观赏特性也各有不同，有观花、观姿、观果、观叶、观干等区别，要充分发挥植物的自然特性，以其形、色、香作为造景的素材，以孤植、列植、丛植、群植、林植作为配置的基本手法，从平面和竖向上形成丰富多彩的人工植物群落景观。植物配置要选择乡土树种作为公园的基调树种。同一城市的不同公园可视公园的性质选择不同的乡土树种，这样，植物的成活率高，既经济又有地方特色。

　　（3）游线设置。园路主要是作为导游观赏之用，设计园路要考虑其对景、框景、左右视觉空间变化，以及园路造型、竖向高低给人的心理感受等。园路的基本形式呈现出并联、串联、放射状等样式。在实际的设计中，应以一种为主，混合使用。

　　如图5-1所示，杭州花港观鱼从苏堤大门入园，左右草花对应，对景为雪松树丛，树回路转，是视野开阔的大草坪。路引前行，便是观鱼佳处，穿过红鱼池，便到了中国画意的牡丹园。游人在这一系列景观、空间的变化中，视觉上构成了一幅中国山水花鸟画长卷，在心理上给人以亲切——开敞——欢乐——娴静的感受。

图5-1 杭州花港观鱼

5.3 专类公园设计

5.3.1 儿童公园

儿童公园是单独或组合设置的，拥有部分或完善的设施，为学龄前儿童和学龄儿童创造并提供以户外活动为主的良好环境，提供游戏、娱乐、体育活动和科普活动等内容的教育娱乐活动场所，是安全、完善的城市专类公园，如图5-2所示。

图5-2 法国巴黎儿童公园

1. 儿童户外活动特点

（1）同龄聚集性。游戏内容会根据儿童年龄的不同分为各自的小集体。

（2）季节性。儿童户外活动受季节影响很大，春秋季节的活动多于冬夏季节，晴天的活动多于阴雨天气。

（3）时间性。放学后、午饭后和晚饭前后是各年龄段儿童户外活动的主要时间。周末、节假日是活动高峰，时间多集中在上午9～11点，下午3～5点。

（4）自我中心性。活动对象多集中在2～7岁的年龄段，儿童特有的思维方式导致其在活动中表现出注意力集中，不易受周围环境影响，以自我为中心的思维状态。

2. 儿童公园功能分区

不同年龄的儿童处在生长发育的不同阶段，在心理、生理、体力等方面都存在着差异性，表现出的游戏行为也存在着不同，详见表5-2。

表5-2　不同年龄儿童特点的游戏行为

年　龄	游戏种类	结伙游戏	组群内的场地		
			游戏范围	自立度	攀登爬
<1.5岁	椅子、沙坑、草坪、广场	单独玩耍或与成年人在住宅附近玩耍	必须有保护和陪护	不能自立	不能
1.5～3.5岁	沙坑、草坪、广场、固定游戏器械	单独玩耍，偶尔与其他孩子一起玩耍	在住地附近，亲人能顾及	集中游戏场可自立，分散游戏场半自立	不能
3.5～5.5岁	秋千、多样的器具、沙坑	结伙游戏，同伴多为邻居	游戏中心在住地周围	集中游戏场可完全自立，分散游戏场可自立	部分能
小学一、二年级	性别差异的游戏方式	结伙游戏，同伴成分增多	远离视线范围	有一定的自立能力	能
小学三、四年级	女孩利用器具游戏，男孩运动性强	结伙游戏，同伴成分增多	以同伴为中心，会选择游戏场地和品种	能自立	完全能

3．儿童公园主要设施

游戏是一种本能的活动，儿童可以根据各种设施进行积极的、自发的、创造性的游戏活动，如图5-3所示。

1）草坪与铺面。

2）沙土。

3）浅水池。

4）游戏墙与迷宫。

5）各类游戏器械。

图5-3　各种游戏设施与场地

4．儿童游戏场设计要求

（1）儿童游戏场空间的基本构成要素是周围的建筑、小径、铺面、绿地、篱笆、矮墙、游戏器械、雕塑小品等。

（2）绿地设计需要突出和加强游戏场地的个性和趣味。树种的选择要考虑遮阳和构图效果，并营造亲切感。

（3）小径铺装材质多样，线形应注意活泼曲折、色彩强烈。

（4）矮墙、篱笆等构件构成围合空间，其色彩、质感应与整体环境协调，并注重儿童的心理特点。

（5）游戏器械是儿童活动的核心，可以围合空间，产生意想不到的效果。

5.3.2　动物园

动物园是在人工饲养条件下，移地保护野生动物，供观赏、普及科学知识、进行科学研究和动物繁殖，并且具有良好设施的城市专类公园。图5-4所示为南京野生动物园园区示意。

图5-4　南京野生动物园园区示意

1. 动物园分类

（1）传统牢笼式。占地面积小，饲养方式单一，笼舍条件相对简陋，公众对动物的认知感较差。

（2）现代城市动物园。除具有动物园的本身职能外，兼具城市绿地功能，结合自然生态环境进行设计，以"沉浸式景观"设计为主，考虑动物与人类的关系，为现代主流动物园的类型。

（3）野生动物园。多建于野外，环境优美，动物采用自由放养的方式，创造出适合动物生活的环境。游人参观以乘坐游览车的形式为主。

（4）专业动物园。动物园的业务性质不断地朝专业化方向分化，按照物种种类进行分类，有益于研究和繁殖物种，值得推广。

（5）夜间动物园。动物园在夜间开放，给游客提供不同的感受以观察夜间动物活动的真实面貌。最为著名的是新加坡夜间动物园。

2. 动物园游线规划

动物园的游线组织应当避免单一的陈列展览方式，可以室内外相互穿插，观赏、休憩的空间相互间隔，避免产生疲劳感。规划游览路线，应当充分考虑游客的游赏心理和游赏感受。游客的年龄层次以儿童和青少年为主，游线的组织应避免沉闷单调，充分考虑他们的活泼心理，合理安排展览顺序和陈列方式，还可以在游线的最后结合一些实际参与的内容，如亲子园等来增进儿童和动物之间的亲近关系。

3. 动物园设计要求

（1）功能分区明确，交通互不干扰但又有联系。

（2）注意主要动物笼舍、服务性建筑与出入口广场之间的关系，保证参观者的方便。

（3）导游线设计要符合人行习惯（逆时针靠右走），区分道路的主次，主要园路应满足消防车通行的需要。

（4）园内主体建筑为主要景点，所处地段要开阔，宜有适当面积的广场。

5.3.3 植物园

现代意义上的植物园是搜集和栽培大量国内外植物，进行植物研究和培养，并提供观赏、示范、游憩和开展科普活动的城市专类公园。植物园内植物景观特别丰富，科学内涵多种多样，自然景观使人身心愉悦，是最能吸引游人的公共游览场所，如图5-5所示。

图5-5 英国伦敦皇家植物园温室

1. 植物园分区

植物园可以分为两块，以科普为主的科普展区和以科研为主的苗圃实验区。

（1）科普展区根据植物世界的自然生长规律，展示植物知识，主要内容包括植物进化系统展区、经济植物展区、水生植物区、岩石植物区、树木区、专类区、示范区、温室区等。

（2）苗圃实验区是专供科学研究和生产的用地，一般不对外开放。

2. 植物园设计要求

（1）取决于植物园的分区与用地面积，一般展区用地可占全园面积的40%～60%，苗圃实验区用地占25%～35%，其他用地占25%～35%。

（2）展区宜选用地形富于变化、交通联系方便的场地；苗圃实验区应与展区隔离，并有专门出入口联系城市交通线。

（3）合理安排展览建筑、科学研究建筑及服务性建筑的位置，其中以展览温室和博物馆为主要建筑，一般安排在主要出入口处，成为构图中心。

（4）植物园的排灌系统一般结合地势，利用自然起伏的坡度排水，或是敷设雨水沟管辅助排水。

5.3.4 主题游乐园

1955年，美国人华特·迪士尼以其出色的想象力和创造力，在美国洛杉矶创建了一个理想而愉悦的世界——迪士尼乐园，标志着世界上第一个具有现代概念的主题公园的诞生。主题游乐园具有特设的主题，其中所含的内容（包括硬环境的规划与软环境的策划）均在概念化的规格中统摄于该主题之下，是由人创造而成的舞台化的娱乐活动空间。它是为旅游者消遣、娱乐而经营的场所，综合了多种媒体艺术的娱乐环境，强调人的参与性。它包括餐饮、购物等服务设施在内，实行商业性经营，具有很强的经济属性和旅游功能，如图5-6～图5-9所示。

图5-6 深圳世界之窗

图5-7 无锡三国城影视基地

图5-8 英国威尔士原住民场景展示

图5-9 中国香港迪士尼乐园花车游行

1. 主题游乐园分类

根据主题的类型、视觉景观和游乐园的主要特征，主题游乐园可以分为以下五类。

（1）模拟景观。其主要形式包括模拟本国异地或异国的著名建筑、景观，按照一定比例缩小并模拟建设；模拟再现各地有特色的人居环境、生活场景，并加入富有人文风情的表演，游客可以参与活动；模拟历史上某个特定阶段具有特色的建筑与景观环境，再现已经消失的城市、建筑及人文景观风貌，使游客体验历史的感觉。

（2）影视城。其主要形式包括作为影视拍摄场所建立的场景，在完成拍摄后继续旅游主题经营，同时兼有新的取景基地功能；根据电影场景建设，使游客亲历电影中的情节。

（3）科技与科学展示。其主要形式包括突出高科技、高技术，使游客体验并感受未来的与新奇的主题游乐园；强调绿色生态、环境保护和可持续发展的主题游乐园。

（4）野外博物馆。结合历史保护，将现存的建筑与环境保存较好的历史风貌区迁建一起，具有博物馆的性质，供游客观赏体验，是真实的历史遗存。

（5）暂时性的主题游乐园。不固定在一个地方，在一个城市连建设带运营的时间不超过3个月，并在不同的城市重复着同样的过程：广告-建设-拆除离开，如"环球嘉年华"。

2. 主题游乐园设计要求

（1）主题游乐公园一般位于城市的边缘，因此入口设置应该交通便捷，并考虑设置大型停车场。

（2）主题选择是主题游乐公园的灵魂，因此主题内容不仅应该独特、有文化内涵，而且要有较强的商业感召力，考虑不同层次游客的需求，并尽可能地使游客融入环境，注重其体验。

（3）主要的游乐设施相对比较集中，并且尽量融入绿化环境中，强调环境的精心设计。

知识链接 伦敦摄政公园（英国）

　　摄政公园位于英国伦敦的西北部，占地面积约为166hm²。它曾经是伦敦规模最大的皇家园林，现在是伦敦最具艺术魅力和文化气息的城市公园，在园林和城市规划方面都堪称杰作，如图5-10所示。

　　1538年，亨利八世购得这片林地，兴建了猎苑和农场，300年来一直不曾有大的变动。直到19世纪初，建筑师约翰·纳什设计了一条环绕全园的宽阔园路，在园中开挖湖泊和运河，新建夏宫，规划御道和别墅群，后来由各种社团在园内兴建各种设施，其中包括著名的玛丽皇后花园和历史上的第一座现代动物园，摄政公园成为一座综合性的公园。

　　如今，公园内的游人依旧能够体会摄政时期伦敦上流社会的高雅生活品位。在茂密森林的衬托下，园内的大片草地宽敞明亮，错落有致、疏密相间的树丛和树团配合蜿蜒曲折的湖泊岛屿，湖边自然起伏的园路，形成步移景异的园林空间。公园中没有一座建筑物，临近的建筑也被树木所遮掩，整体上形成了纯净的自然式风景园林格局。然而，在局部也加入了意大利及法国的造园要素，笔直的林荫道、大理石雕像和整形绿篱，与弧形园路、蜿蜒的小径和疏林草地相辅相成，体现出当时的折衷式园林的特点。园内还有一些竞技、聚会等娱乐活动及休憩的场所，规模虽然不大，但深受游人的喜爱。

图5-10　伦敦摄政公园的景观设计

知识链接 巴黎安德烈·雪铁龙公园（法国）

安德烈·雪铁龙公园位于巴黎塞纳河左岸，占地面积为14hm²。公园建在雪铁龙汽车制造厂的旧址上，是过去百年来巴黎最大的公共公园，如图5-11所示。

2000多株树木和长为273m、宽为85m的长方形中央草坪使公园在平凡中流露出别样的韵味。一条大胆而富于新意的呈对角线设计的非对称的道路，长为630m，将公园一分为二。公园里有两座大型温室，栽植着地中海地区和外来的植被，草坪和温室之间的白色铺装上有一座喷泉。南面一条宽阔的水道点缀着花园。水道实际是一个抬升的倒影池，沿着池边的是架起的人行道。北面6座独特的小型花园各具特色，花园的主题巧妙地对应着几种不同的元素：金属、行星、星期及水的状态。它们将解构出的经典法则和欧式园林布局，以新颖独特的手法重新糅合在一起。

图5-11 巴黎安德烈·雪铁龙公园的景观设计

知识链接 里士满皇家植物园（英国）

里士满皇家植物园，又名邱园，位于伦敦西南部里士满区。18世纪30年代，乔治一世的孙子——威尔士亲王弗雷德里克居住于此。亲王是位植物迷，他引进了许多奇特而又充满异国情调的乔木和外来物种。1757年，亲王的遗孀奥古斯坦王妃又委任威廉·钱伯斯爵士建造了大量具有东方情调的建筑，并修建了占地面积为3.6hm²的植物园，如图5-12所示。

1760年，乔治三世请来布朗改建园林，将其改造成自然式风景园。国王乔治三世喜欢到这里来逃避宫廷中繁文缛节的生活，并委托约瑟夫·班克斯爵士作为园林的御用顾问。班克斯组织了探险队到世界各地搜寻植物素材，甚至陪同库克到达澳大利亚。到1789年，这里共栽培有5600种植物。皇家植物园内有一座大型的玻璃棕榈温室，修建于1848年。温室里面收藏了大量耐寒和不耐寒的植物，同时，高山植物园区里面展示的各种植物活标本，也来源于本国的某些地区。到了19世纪，在威廉·胡克爵士的管理下，这里成为世界上最大的植物研究机构。

图5-12　里士满皇家植物园的景观设计

思考与练习

1. 思考园林绿地景观的基本构成与各类公园绿地的设计方法。
2. 考察或针对某个实际案例，分析设计要素及设计手法。
3. 选择某个小型园林绿地项目进行设计创作。

学习要求与目标

了解城市道路景观的基本构成，掌握各类城市道路，包括步行街、交通性道路的设计规范和要点，学会创造富有个性的道路景观。

 学习要点与难点

在道路景观的分类中，步行街和交通性干道越来越为现代社会所重视。道路的基本设计规范和要点，以及景观个性化的表现是这个课题的重要学习内容。对于步行街来说，整体风格和各节点要素的塑造是打造城市个性化的主要手段；而对于交通性道路的设计，强调植物群落的搭配特色则是体现道路形象的主要方法。

城市道路是随着集镇的形成而产生的。它的功能由基本的行走、行车需求开始，发展到沿街进行贸易活动，进而逐步融入政治、经济、文化、艺术等因素。城市道路网是组织城市各部分的骨架，也是城市景观的窗口。在大部分城市中，道路面积约占所有土地面积的1/4，是城市形象的主要观赏地，它代表着一个城市的形象。当道路景观真正作为城市设计的一个内容出现，则是在19世纪后半叶。在一些发达国家的城市规划中，设计师开始注意城市街景，同时产生了道路景观的概念。1907年，美国开始出现由道路工程师和园林建筑师共同协作设计道路景观的案例。

6.1 道路景观构成

6.1.1 道路景观的构成要素

构成道路景观的要素是多种多样的，其数量与种类上的多样性构成了道路景观的特色。根据各要素的特点，道路景观的构成要素可以大致归纳为以下几类：道路本体、道路植栽、道路附属、道路活动媒介、远景等，如图6-1所示。

图6-1 道路景观构成要素

其中，道路本体、道路植栽、道路附属是构成道路景观比较重要的要素。

（1）道路本体是指道路路面部分，包括路面的线形形式、道路结构、铺装等，是道路形象最基本的构成部分。

（2）道路植栽是指道路的绿化种植形式，包括行道树、灌木隔离带、树池等。

（3）道路附属是指依附于道路的相关附属部分，包括沿街的建筑物、桥梁（天桥）、视觉标识（交通标志、广告牌）、照明、行人使用设施（车站、座椅、路障等）、停车场地，以及邻近的广场和街心公园等。

6.1.2 道路景观的个性特色

人们对于道路景观的要求已经远远不止于单纯的美观，还有一种怀旧的、安逸的、亲切的、惊奇的、舒适的感觉融合在里面。每个城市都有不同的历史文化和风土人情，将这些城市表情融入道路景观，不仅使当地居民更加热爱自己的家园，同时能给外来者留下新鲜而深刻的印象。

1. 道路的景观类型

从地方的特性、道路的规格和使用方法等方面综合考虑，道路自身的特征是创造个性的前提。以一般市民使用道路的印象为依据，城市道路大致可划分为大道、繁华街、大街、后街、小巷（小路）、特殊道路六种类型，如图6-2～图6-7所示。

图6-2 城市景观大道（马德里）

图6-3 繁华的商业街（香港）

图6-4 都市交通主干道（成都）

图6-5 后街（爱丁堡）

图6-6 小巷（佛罗伦萨）

图6-7 环湖步道（墨尔本）

表6-1罗列出了各种道路的景观类型及主要特征。从中不难看出，以景观综合角度划分的各种城市道路类型都有相对应的特征。

表6-1 城市道路的景观类型及主要特征一览表

序 号	景 观 类 型		道 路 特 征
1	大道（城市标志性道路）		代表城市形象，格调高，如市政府前大道、站前大道等
2	繁华街（较为喧闹的道路）		人流集中、环境喧闹、街道气氛比较轻松，如商业步行街
3	大街		人流、车流量大，为城市的主要交通干道
4	后街（小道等）		人流量小，与居民生活密切，生活特征明显
5	小巷、小路		不是公用道路，而是私人使用的或公私共用的场所
6	特殊道路	滨河道路	两侧不都是建筑，其中一侧开敞。道路形式不平衡，与自然环境中的水体、植物结合密切
		公园道路	
		散步小道	

注：其中1~3是指城市的主要道路。

因此，在进行城市道路景观设计时，首先应当明确道路的类型，其次是根据该道路的设计要素，设计其个性化特征，这个程序是必不可少的。不同的道路类型有不同的设计思想。比如在设计反映城市形象的标志性大道景观时，应该将其作为城市客厅，避免出现过多体现生活细节的设施小品，这样可以看到真正的城市景观形象。而在小街、小巷这些能体现生活场景的地方，应当尽可能地展现自然朴素的韵味，给人以亲切感。

2. 道路景观的个性创造

从简单意义上说，道路景观的个性是在其地域风土上积累起来的固有文化、历史、生活的表现。通常通过这种手法表现出来的个性往往能使人深切感受当地所蕴藏的文化和历史。因此，道路景观的个性化创造也是体现城市整体景观印象的一个重要方面。

通过对城市文脉的解读，可以归纳出产生道路景观个性的三大表现方面：用地特性、道路本身、城市生活。这些素材与场所相联系，充分发挥特质，便能形成创造性的道路景观。

（1）用地特性的个性表现。道路与山体、水体的位置关系，是反映道路景观个性最好的素材，可以作为街道景观的主题。通过对大自然景观的借景，可以使其成为城市的标志。

在道路方向没有制约的情况下，一般采用道路正对山体，如图6-8所示。通常采用由沿街建筑和林荫树形成轴线的构图手法，或者可以在沿街设置小型公园、广场等开敞空间，以供远眺山景之用。

如图6-9所示，道路沿水面蜿蜒，周边尽可能不设立建筑物，多让人观赏水面，或者把水边植物作为添景，以增加景观层次，使之更富有情趣性。

图6-8 以山体为背景的特色街道（桂林）

图6-9 道路沿水面蜿蜒（广州）

（2）道路本身的个性表现。道路的几何构造特征、街道小品、铺装材料及行道树栽种等，都可以表现道路景观的个性特征。在几何构造的街道中，一般采用强调视觉效果的表现手法。在强调道路凹型纵断面的特殊感受时，可以考虑在轴线焦点设置视线停留处，或者统一沿街建筑物的高度，或者以绿化街道加强道路的边缘感，如图6-10所示。街道小品和铺装的材质及栏杆、护栅中铸铁的使用要注意结合地域特征，避免程式化。道路两边种植具有地域特点的树木和花草，不仅能够体现城市特色，也可以形成街道的特色。

如图6-11所示，南方城市多种植榕树、椰树，在强调城市主要道路交通性特征的同时，也彰显出南国风情。

图6-10　两旁高大整齐的雪松强调出道路　　　　　图6-11　笔直的大王椰构筑了行道空间，也体
　　　　　纵向的几何感（南京）　　　　　　　　　　　　现了地域特征（深圳）

（3）城市生活的个性表现。道路景观的创造与人类城市生活的特点息息相关。在传统的自由市场，可以创建具有乡土氛围的道路；在时尚的商业街区，汇集的人流相互欣赏，道路可以与休息空间、小型公园、开敞空间结合，一体化设计；在居民生活使用的小街小巷中，道路景观可以融入当地住户的街道生活，保留一些民俗特征，如图6-12所示。

图6-12　用树木和小品装饰的小巷，民族韵味浓厚（京都）

3. 道路景观的空间构成要素

道路空间中的基本尺度关系是形成比例和谐、舒适连贯的道路空间轮廓景观的重要元素。

（1）路幅宽度。道路有其固定的形式和特点风格。从道路空间的特征出发，主干道、中央大街或中心街都是比较宽阔的大街，如世界著名的道路，图6-13所示的巴黎香榭丽舍大道、伦敦牛津街等。这些道路不仅路幅宽，而且配置了复数列的行道树，并设有人行道，沿街建筑物风格统一，道路景观变化突出。而后街、小街等生活气息浓厚的道路，都是以步行为主，幅宽则比较狭窄。研究表明，幅宽在10～20m的街道，路两旁沿街的视觉相互连接，对步行者来说是视觉感觉好、有围合感和亲密感的空间。

（2）道路幅宽与沿街建筑高度。道路幅宽与沿街建筑的高差之比（D/H）是保证道路空间的均衡、开放感和围合感的重要指标。D与H的比值越小，道路的封闭感就越强；反之，则开放感越强。

有关研究得出：D/H=4以上，道路完全没有围合感；D/H=1～3时，道路有围合感；D/H=1～1.5时，道路有封闭感。在西欧一些中世纪的老城区里，如图6-14所示，高楼围合狭窄的道路与散置其间的开放广场有机地结合，给人以变化丰富的序列感，D/H一般在0.5左右。

图6-13 巴黎香榭丽舍大道

图6-14 透过狭窄的街道可以望见远处广场的标志物（佛罗伦萨）

（3）路面景观铺装。路面是人们步行与车辆通行的行为场所，所具有的视觉效果能给人们视觉上带来舒适性，并赋予街道景观特征的整体性。一般来说，除了需要特殊强调的道路，路面应当给人质朴、安静的感觉。铺装材料必须选择具备一定的强度与耐久性、施工相对方便的材料。由图案、尺度、色彩、质感不同的各类铺装材料组合形成的路面外观形象能够引导人们的活动方向，增加特定的场所感，同时具备鲜明的个性和潜在的艺术形象，如图6-15、图6-16所示。常用的铺装材料可以分为柏油类、混凝土类和块材类三种类型。

图6-15　水景与地面材质完美结合（曼利）　　　　　图6-16　井盖设计别具一格（大阪）

4．道路空间的视觉效果营造

一般来说，直线道路视线良好，通过道路的轴线设置标志性的构筑物来达到视觉上的对景，道路空间相对完整协调；曲线道路比较容易与自然地形结合，通过增加一些通透感和视线的引导感，沿道路前行可以产生丰富的景观变化；折线道路视线缺少开放感，但是弯道的景观变化明显，可以设置一些标志性建筑物，形成戏剧性和连续性的景观效果。为了有效地利用城市现有土地，经常采用的办法是高架、半地下、地下等立体构造形式。在道路、河川、运河、建筑物及公园的上空架设道路时，地下道路的建设应当注意出入口的景观设计，并与周围环境相结合，如图6-17所示。

图6-17　高架道路下面的步行空间（悉尼）

6.2　步行街设计

6.2.1　步行街的分类

根据交通形式，步行街分为全步行街、人车共行步行街和半步行街。

1．全步行街

在全步行街中，没有任何车辆，仅供步行者使用。从现有道路系统中找出与原商业街平行的相邻道路作为交通性道路，从而将原商业街上的一切车辆引出。对于原商业街的车行道，则重新铺装路面、种植绿化、添设小品、安置座椅……不准车辆通行而专为步行用。在步行街两侧的交通性道路或小路上，留出商店送货口。此种做法多用于市中心繁华且街道狭窄的地段。

2. 公交、步行混合街

公交、步行混合街只允许公交车辆通行，而令其他车辆改道到周围的平行街道上。公交车辆包括公共汽车、电车、出租汽车及专门的公共电瓶车，但均不准停车。在这种街道上，也增添大量的公用设施，如座椅、绿化等。

3. 半步行街

半步行街主要以步行交通为主，但仍有少量车辆进入。这些车辆主要是为商店送货服务的，可以在原有道路中设置绿地、小品，形成一条曲折的"车行小巷"，从而迫使在其中通行的服务性车辆减速行驶。这些绿地、小品的设置也加强了它的吸引力和步行气氛。注意，这里的大多数送货车辆仍在背面小路出入，只有背面无法进货的商店，才从前门送货。

6.2.2 步行街的基本构成元素

步行街基本上是一种街道式的都市空间，此种都市空间是由两旁建筑物的立面和街道地面组合而成的。设计这种空间的困难不亚于设计一栋机能复杂的建筑物。但是，如果把握住步行街内各元素的特性与功能，了解当地居民的需求，则不难设计出高品质的步行街来。一般步行街内的设施，大约可归纳为下列诸元素：

（1）地面：以精致的铺面材料，进行图案化的处理。

（2）景观饰物：例如喷泉、雕塑物、钟塔等。

（3）展示橱窗：供商品展示或广告宣传之用。

（4）招牌广告：对街道两旁商店的招牌等可能影响都市景观的设施，应有系统性的设计处理。

（5）休闲设施：在适当的空间中考虑设置小型儿童游戏场、棋牌桌椅等。

（6）街道设施：例如供休息的座凳、垃圾筒、电话亭、书报亭和布告栏。

（7）街道照明：步行街是供人群日夜活动的地区，故照明极为重要，灯具宜特别设计，借以表达此地区的特色。

（8）绿化：种植行道树、灌木丛和花卉等，最能达到绿化都市和美化市容的目的。

（9）特殊活动空间：供街头表演、娱乐、商业推广之用。

6.2.3 步行街设计原则

1. 人性化原则

人性化即以人为本，充分考虑人们的生理、心理及情感需求。步行街的景观如果脱离了人的活动、使用和精神，便失去了城市公共空间的意义。各类基础环境在布置引导设计上要给人提供方便，设施的布局、尺度应符合人的视觉观赏位置、角度和人体工程学的要求，如图6-18所示。

图6-18 街道边的休息设施（上海）

2．整体性原则

整体性是步行街景观成功的重要因素，它能够保证人们通过步行空间与城市接触时，在第一时间感受到良好而有特色的城市形象。在步行街空间的景观构成中，要求尽量减少构图元素的种类，可通过相似元素成群成组地出现，增加形态的整体统一性，如图6-19所示。

图6-19　错落的建筑构件增加街道整体性（上海）

3．连续性原则

步行街景观的连续性可以帮助人对其间活动的认知，对街道整体印象的形成有很大的帮助。可以通过强调景观实体形式，如个性的装饰母题、装饰图案的连续等手段，突出视觉效果；可以通过不同景观界面的素材，如材料、质感、色彩等，以一定方式的重现来表达连续感；也可以通过步行街道垂直的景观立面轮廓线而产生整体性、连续性的视觉特征，如图6-20所示。

4．地域文化原则

步行街景观应当体现地域文化特征，注重保护原有的具有历史意义的场所，同时将探寻传统文化中适应时代要求的内容、形式和风格，体现出时代性和地域文化的认同性，如图6-21所示。

图6-20　建筑装饰重复使用产生连续感（平遥）　　　　图6-21　沿河设置步行景观以体现水乡特征（同里）

知识链接　购物步行街

购物步行街是特指那些具有舒适性且富有魅力的步行空间的商业街道。第二次世界大战后，欧洲各地开始了真正意义上的步行街建设，如德国埃森的林伯卡大街建于1965年，荷兰鹿特丹市的莱恩班街于1958年建成。

1. 街道空间形态

购物步行街屋顶覆盖程度的不同，决定了街道空间形态的不同。

（1）开放式步行街。道路上方没有任何构筑物，形式最为普通常见，植物种植相对灵活，有利于形成开敞明快的商业空间，环境舒适，满足购物与休闲功能，如图6-22所示。

（2）半封闭式步行街。由沿街两侧建筑物挑出顶棚的一种形式。注意建筑与周边环境的关系，可以营造出独特的商业空间魅力，如图6-23所示，廊棚的设置使道路景观增色不少。

图6-22 开放式步行街（曼利）　　　　　　　　　图6-23 半封闭式步行街（悉尼）

（3）封闭式步行街。利用原有建筑搭建屋顶，使大街带有顶棚，将室外空间室内化处理。通过设置一系列休息空间、设施等，使之成为商业空间的一部分，购物氛围浓郁，如图6-24、图6-25所示。

图6-24 封闭式步行街1（悉尼）　　　　　　　　　图6-25 封闭式步行街2（大阪）

2．节点和要素设计

（1）街角广场。购物步行街宽度一般较窄。在创造街景的同时，可以考虑整合沿街道路空间和公园绿化、设施等，营造出富有特征的道路空间。

沿购物步行街道产生的空地可以作为街角广场的用地，这些空间小巧玲珑，具有适度封闭感。可以采用街头绿地、袖珍公园等形式；也可以将沿街建筑物的壁面或挡墙部分凹入，或者利用灌木植栽围成半圆形绿地空间；或是将标高抬高或降低，形成情趣小广场。这类空间作为步行者休息的场所，需要形成整体宁静的气氛，在其间配置植栽和休息设施是十分重要的，如图6-26所示。

图6-26　步行道边的街角小公园（悉尼）

（2）街道设施。购物步行街道设施在室外活动场地中，给人们提供休息、交流、活动等使用功能，是环境中重要的视觉物象。根据其使用功能的不同，分系统建立视觉形象，既突出步行街区的整体形象，又能形成良好的景观视觉效果。根据功能的不同，街道设施可以分为六类：休息设施、卫生管理设施、通信文化设施、交通设施、照明设施和无障碍设施，如图6-27、图6-28所示。

（3）植栽设计。步行街的绿化面积相对有限，植物造景应创造立体式绿色空间，在以绿色为主调的前提下，配以色叶树种、花卉，以烘托热烈的商业氛围，并使使人与植物亲密接触，充分发挥植栽的实用美化功能，如图6-29、图6-30所示。步行街的植栽形式主要包括道路广场绿化、垂直绿化和屋顶绿化。

图6-27　广场休息设施（曼利）

图6-28　小鸟雕塑护栏（京都）

图6-29 色彩鲜艳的悬挂花卉给商业街道带来生活气息（格拉那达）

图6-30 攀缘植物软化了墙壁的生硬，
成为休息区的绿色背景（上海）

1）道路广场绿化。绿化形式多种，可以根据街道的宽窄，以行道树或隔离带的形式存在，形成的空间序列具有连续而动态变化的街景效果。通过树形优美、遮阴覆盖面积大的高大阔叶乔木构筑林荫空间；或者在休息设施周围采取点式绿化，以乔木、灌木相结合形成视觉中心，能很好地渲染商业街道的环境气氛；在没有养护条件的地段，也可以采用种植容器以增加街道美感。

2）垂直绿化。在建筑物的外壁和屋顶、阳台，以悬挂式绿化，带给街上行人舒适的柔和观感，增加绿视率。具体形式可以采用砌筑小型花槽、悬挂壁盆，以枝条柔软下垂的植物和花卉装饰；也可以利用藤蔓植物的攀缘性能来柔化生硬的墙面。

3）屋顶绿化。屋顶绿化不仅可以装饰建筑，而且可以为市民提供多样的立体场所或空中花园，既节约了场地，又产生了生态效应和视觉美感。

6.3 交通性道路景观设计

交通性道路是指城市中的快速路和主干道系统，是构成城市路网的骨架。交通性道路突出路径属性，表现为对目标通达性的追求。此追求是靠路线的捷径便利来实现的，表现为道路线形规划设计中的布线与景观相协调。布线直接形成的景观特色成为此类道路景观设计的主要问题。由于突出了路径属性，道路的使用者是为迅速到达目标而高速行进，因而景观给人的感受是粗犷的、大尺度的，如图6-31所示。

图6-31 深圳交通快速干道

6.3.1 道路空间特征

1. 直路景观

直路给人以开阔感和方向感，令人感到愉快通畅，易于感受连贯性。但是直线不宜过长，否则易产生疲劳乏味之感。常见的景观处理手法是通过T形连接、Y形连接、终端对景、多重布景等手法，使过长的直路获得封闭感，如图6-32所示。

图6-32　白金汉宫大道终端拱门对景（伦敦）

（1）T形连接。道路节点用于封闭景色，从而形成一种场所感，是传统街景的设计方法。

（2）Y形连接。给人提供一种明确路线选择的感觉。

（3）终端对景。如果道路末端存在视线的焦点，可增加道路情趣，使两侧平行面产生的单调感转变为对一个重要景物的集中注意点上。此点可以称为点景，把线性空间区分成一系列连续的统一体，表明一个空间的终点和另一个空间的开端，而道路两侧的界面则作为景框，起到框景的作用。

（4）多重布景。道路每隔一段则设置节点，丰富视线，并产生连续性。

2. 弯路景观

弯路景观能营造出良好的视线景观效果。弯路的优势在于容易使道路的使用者了解周围的环境，主要的景观从开始进入弯道时就已经在视线之内。沿着弯路，人的视线展开，对景的变换随着弯道一直在继续，形成动态景观，如图6-33所示。弯路景观形成了道路以建筑群为枢纽而绕行，使道路成为建筑的一部分的效果。

图6-33　视线随着道路转换（爱丁堡）

6.3.2　车道景观铺装

1．一般车道

城市车道的铺装材料主要是沥青。车道的铺装在视觉上可以产生丰富的效果，特别是在那些没有特殊行车要求的流畅性的路面上。为了引起驾驶员的注意，有些地方还需要加上夹缝、凹凸、材质的变化，而不拘泥于均质铺装的连续性，自由性更大。可以通过灵活组合的方法来设计铺装图案，形成色彩变化丰富的铺面效果，但是要考虑整体视觉的连续性和统一性。

2．停车带

为了与一般的行车清晰地区分，在停车带、公共汽车和出租车停车场等场所，可以通过改变铺装来缓冲视觉效果。注意，铺装石材会在材质上显得粗糙，视觉和实际都不利于车辆的行走。

3．人行横道

车道平面的人行横道一般采用与人行道几乎相同的高度，从而保持同人行道在功能和视觉上的连续性。在人行横道上设置镶嵌物也是有趣的做法之一。

4．交叉路口

交叉路口的铺装要与其他部分不同，主要是为了使驾驶员对十字路口有一个明了的印象，并与一般道路相区分。

6.3.3　道路设施小品

（1）人车分离设施：护栏、路墩。
（2）机动车交通知识设施：标牌、信号灯、指示牌。
（3）道路照明：路灯。
（4）其他：公交车站等。

道路景观应尽量以简洁为主，如果设施过多，会造成交通不便、视线干扰的混乱局面。各种设施应当避免无序的分布，要整合在一起，体现出道路的整齐。

6.3.4　道路栽植

道路两旁的栽植不仅具有景观效果上的文化内涵，在地域环境保护、确保通行的安全性上，也都有着重要的作用，并可通过其绿色效果来装饰道路。栽植在道路构成中是唯一有生命的要素，因此不能简单地把它看成装饰物，而是以其自由生长为出发点，充分发挥其在道路景观中的生命力。

1．栽植断面布置模式

道路栽植的断面布置模式可以分为以下几种：

（1）一板二带式。最常用的道路形式，易形成林荫，路幅较窄、流量不大的道路多用此种形式，如图6-34a所示。

（2）二板三带式。绿量较大，生态效益显著，常用在交通量大的市内街道或城郊高速公路和入城道路上。特殊的中央绿带甚至可以达到数十米宽，形成游园式的绿地，如图6-34b所示。

（3）三板四带式。城市道路较为理想的形式，多用于机动车、非机动车、人流量较大的城市干道，防护效果好，有减弱噪声和防尘的作用，如图6-34c所示。

（4）四板五带式。在路幅宽的情况下使用该形式，方便各种车辆上行、下行，且互不干扰，有利于限定车速和交通安全，如图6-34d所示。

2．栽植形式

道路的性质应与栽植保持一致，考虑适合道路宽度的栽植量、高度、宽度。

乔木、小乔木、灌木的选择可以组成单纯的栽植效果，即将单层的列植栽植作为基础，有时可以使用密植栽植（小乔木植栽、灌木植栽）、独立植栽（乔木植栽）、重层的列植栽植（乔木、灌木栽植）。使用混交栽植时，为了体现混交的效果，宜考虑选用整形的修剪栽植或是非整形的自然风格。

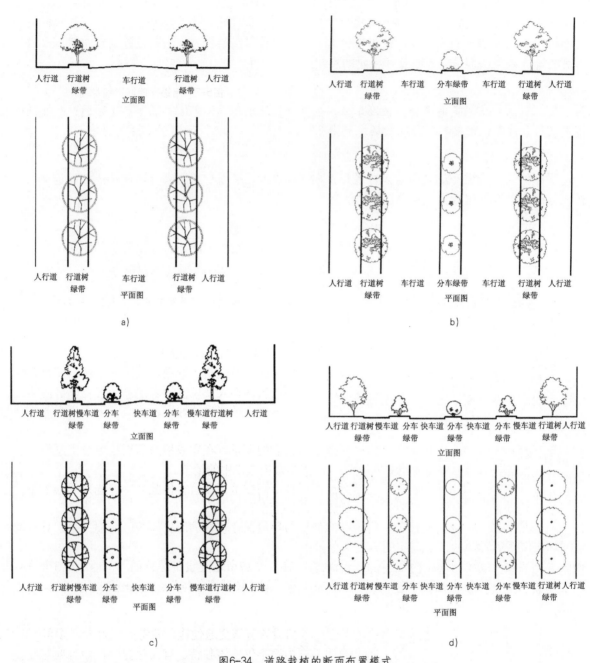

图6-34　道路栽植的断面布置模式

a) 一板二带式　b) 二板三带式　c) 三板四带式　d) 四板五带式

知识链接　圣地亚哥的霍顿商业中心（美国）

圣地亚哥的霍顿商业中心，占地面积约为4.65hm²，是美国比较典型的后现代思想建成的中心商业区，如图6-35、图6-36所示。建筑师采用历史主义的设计手法，试图通过建筑的色彩、造型和灯具等细节设计，引发人们对历史的联想，利用一个斜穿街坊、地势变化较大的步行街，加上建筑扶梯、电梯和台阶等巧妙组合，创建了一个生动活泼的商业空间。

在建筑色彩上，建筑师选用了28种颜料，使商业中心犹如一幅色彩绚丽的粉笔画，显示出一种热烈的节日气氛。

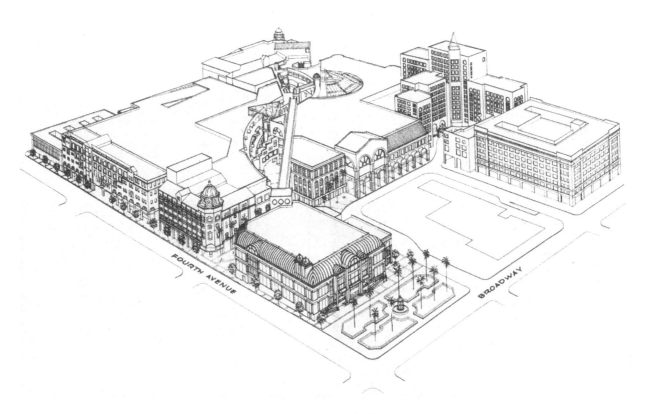

图6-35　圣地亚哥的霍顿商业中心透视图

图6-36　圣地亚哥的霍顿商业中心实景图

图6-36 圣地亚哥的霍顿商业中心实景图

知识链接 六本木山商业街道（日本）

设计旨在创造"垂直花园都市"和"文化中心"。这一主题通过从地面至屋面的多种多样的广场、街道、绿地所形成的"立体回游的森林"来实现。设计把街道转换为人们聊天、聚集的广场，把购物的街道曲折化，使步行景观产生了连续与变化。通过节点、连廊、屋面的植物来创造四季景观，通过街道、广场、天桥、庭院的主题和命名来讲述故事或唤起儿时的记忆。商业空间中充满艺术符号，形成开放的艺术画廊，可以进行各种纪念活动，从而增强了文化性，如图6-37、图6-38所示。

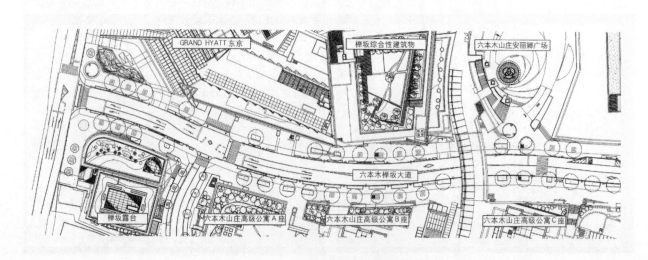

图6-37 六本木山商业街道平面图

图6-38 六本木山商业街道透视图

图6-39

知识链接 杭州古墩路道路景观设计（中国）

古墩路是一条由杭州主城区通往良渚区的主路，沿线穿越大量的农田和河道，周边有良渚遗址、博物馆和大型住区及森林公园。根据道路沿途和自身的特征，标准段设计分为封闭型、与建筑交接型和敞开借景型三种形式。设计从良渚文化中吸取元素，运用到道路的灯具、桥栏杆等内容中，并结合周边优美的自然环境，构成几组具有地域文化内涵的景观节点，使整个道路的景观更加富有节奏感。植被的选择以余杭本地的乡土植物为主，搭配色叶和开花植物，为整条道路增添色彩，如图6-39所示。

杭州古墩路道路景观设计

思考与练习

1. 思考道路景观的基本构成与各类城市道路的设计方法与规范。
2. 考察或针对某个实际案例，分析其设计要素及设计手法。
3. 选择某个道路景观项目，进行设计创作。

课题七　广场景观

 学习要求与目标

掌握城市广场的基本特征、类型形态，以及广场设计要素和设计手法，同时了解中西方文化的不同对广场形制产生的影响，从而建立强调地域性特征的广场设计概念。

 学习要点与难点

广场的概念是个舶来品，在西方，广场被称为城市的客厅，有许多优秀的案例。但是景观设计应注重国内外文化的差异，广场不能一味照搬西方模式，要避免大而空的规模。强调广场的人性化、场所感、地域性是该阶段课程学习应当注重的主要问题。

7.1　广场概述

城市广场是作为城市外部公共空间体系的一种重要形态，具有悠久的发展历史，与城市街道绿地、公园、开放的城市自然风貌（山、川、湖、海等）共同构成了富有特色的城市外部空间环境。

1. 西方以开放式为主的城市广场

城市广场作为西方古代城市中一种人本主义象征的"广场文化"，始终贯穿于城市建设中。西方人对自我个性的展示和对现实生活的重视，使得城市社会活动丰富，人们日常的注意力多集中在室外，因此形成数量众多的公共建筑和城市广场。从城市整体空间形态来看，街道与广场的组合呈现出一种清晰而明确的网络结构，广场也就成为外部空间的核心和城市的重心、街道空间交汇和发散的节点空间。诸多的广场与建筑群、标志物一起成为精美的"城市客厅"，如图7-1所示。

2. 中国以街巷为主的流动共享空间

中国传统文化价值以家族为本位。这种文化体系限制并束缚了人的个性，导致古代城市户外空间形态呈现出一种规整、松散的结构状态。城市的街、巷仅仅作为联系建筑组群的交通网络体系。因此，街巷空间成为城市公共空间的主体。这些空间除了具有主要的交通功能外，兼有集市商贸、人际交往等多样化的城市公共活动，具有流动的共享空间特征，而那些街道自然放大的端口、交汇的节点则成为"街市合一"的小型公共广场，如图7-2所示。

图7-1　城市街头广场成为大众喜爱的"客厅"（米兰）　　　　图7-2　古镇街巷空间也具备了广场特质（龙门）

7.2 广场的类型与特征

7.2.1 广场的分类

1. 按广场性质和功能分类

（1）市民广场。市民广场又称为集会游行广场，一般位于城市主要干道的交汇点或尽端，便于人们到达。广场周围大多布置公共建筑，广场上通常设置绿地，种植草坪、花坛，形成整齐、优雅、空旷的环境，如图7-3所示。

图7-3 莫斯科红场

市民广场在功能上应满足以下要求：

1）为集会、游行和庆典提供场地。

2）为人们提供旅游、休闲的活动空间。

3）组织城市交通，满足人流集散需要。

4）不可进行货运交通、设摊进行商品交易，以免影响交通，带来噪声污染。

（2）纪念广场。纪念广场出现于文艺复兴盛期到巴洛克风格晚期（16~18世纪），充分体现了君权主义思想，广场成为对统治者个人进行歌功颂德的场地。

历史上的纪念广场真实地反映了一个城市政治和社会变迁的历史。现代城市的纪念广场多以历史文化遗址、纪念性建筑为主，或者在广场上建立纪念碑、纪念塔、纪念馆、人物雕塑等，供人们缅怀历史事件和历史人物。

纪念广场的选址一般应保证周围环境幽静，避开喧闹繁华的商业区或闹市区。广场形式宜采用规整形式，要有足够的面积和合理的交通，行人与车辆互不干扰，确保通行安全。广场应具有足够的停车面积和行人活动空间。主题性的纪念标志物应根据广场的面积确定其尺寸大小，在设计手法、表现形式、材质、质感等方面，与主题协调统一，形成庄严、肃穆、雄伟的环境。图7-4所示为

图7-4 巴黎旺多姆广场

巴黎旺多姆广场，当时为了表达对君主专制政权的服从，广场中心树立的是拿破仑的雕像。

（3）休闲文化广场。休闲文化广场是集休闲、娱乐、体育活动、餐饮及文艺观赏为一体的综合性广场。

欧洲古典式广场一般没有绿地，以硬质铺装为主，如图7-5所示。与之相比较，现代城市休闲广场主要体现人性化，以绿化为主，形成人与自然交融的城市风景画。

广场利用地面高差、绿化、雕塑小品、铺装色彩和图案的多种设计组合，进行空间的限定分割，满足不同文化层次和年龄阶段的人们的需求。在广场上应设置多种服务设施，如厕所、小型餐饮、售货亭、电话、饮水器等，还应设置园灯、椅子、果皮箱、残疾人通道，再配置一些灌木、绿篱、花坛等。

图7-6所示为杭州西湖文化广场。广场环境的营造体现自然、舒适、文化的特征，设施小品处处体现以人为本的思想。

图7-5 马丁广场

图7-6 杭州西湖文化广场

（4）交通广场。交通广场是城市交通系统的重要组成部分，是连接交通的枢纽。设计时要考虑美观实用，高效快速地分散车流、人流，保证车辆与行人互不干扰，顺利安全地通行。

交通广场分为两类。

1）站前广场：是城市的窗口和标志，停车场设置在外围，站前空地作为行人广场。

2）干道交汇广场：从四面八方高效地分流车辆，一般位于城市主轴线，视野开阔，进行简单的绿化装饰，有鲜明的地域性特征。

图7-7所示为大连中山广场。广场由多条道路向周围辐射而成，起到快速分流、保证车辆畅通无阻的作用。

（5）商业广场。商业广场位于商店、酒店等商业贸易性建筑前，是供人们购物、娱乐、餐饮、商品交易的活动场所。周边建筑应以广场为核心，烘托出整条商业街欣欣向荣的繁荣景象。

商业广场这一公共开敞空间具备广场和绿地的双重特征。广场中的环境美化是设计中的重点。通常引入自然景观，如树木、花卉、草坪、动物、水体；引入服务设施和公共雕塑小品；设计应注重广场"亮化"，使夜景空间具有层次感，如图7-8所示。

图7-7　大连中山广场

图7-8　宁波天一广场

2．按广场平面组合形态分类

（1）规则式。规则的几何形广场包括方形（正方形、长方形）、梯形、圆形（椭圆形、半圆形）等。广场形状比较对称，有明显的纵横轴线，给人整齐庄重及理性的感觉。有些规则的几何形广场具有一定的方向性，利用纵横线强调主次关系，表现广场的方向感；有些规则型广场用建筑物及标识物的朝向来确定其方向。

图7-9所示为巴黎市政厅广场。广场呈正方形，通过中轴线而纵深展开，创造出一系列的空间环境。

（2）不规则式。有的广场由于广场基地现状、周围建筑布局的需要而形成不规则式广场。相对于中轴对称，这类广场是不规则的，但也有规律可循，其平面布置、空间组织、比例尺度更需要推敲。

图7-10所示为威尼斯圣马可广场。广场被称为欧洲的客厅，充满了人情味，宜人的尺度和不规则的空间使人感到亲切与舒适。

图7-9　巴黎市政厅广场

图7-10　威尼斯圣马可广场

3．按广场空间组合形态分类

（1）平面型广场。传统的城市广场一般与城市道路在同一水平面上。

（2）上升式广场。在用地和交通紧张的情况下，上升式广场可以与地面形成多重空间，将人车分流，并能节省空间。

图7-11所示为美国旧金山市中心高台式广场。设计采用斜面阶梯，将广场地面一步步抬起，利用绿化构成一幅与自然相互融合的图画。

（3）下沉式广场。下沉式广场可以构成俯视的景观，提供一个相对安静封闭的休闲空间环境。可以设置一些人性化设施，如座椅、台阶、遮阳伞等，并建立残疾人坡道，如图7-12所示。

图7-11 广场地形抬高，绿视率增大（旧金山）

图7-12 临水台阶广场丰富了空间层次（奥尔胡斯）

7.3 广场空间设计

7.3.1 客体要素设计

1. 广场与周边建筑的组合关系

（1）建筑界面的高度与广场的空间尺度见表7-1。

表7-1 建筑界面的高度与广场的空间尺度关系

D/H的比例	垂直视角	观赏位置	空间特性	心理感受
$D:H=1$	45°	建筑细部	封闭感强	安定、内聚、防域性
$D:H=2$	27°	建筑全貌	封闭感极强	舒适
$D:H=3$	18°	建筑群背景	封闭感弱	离散、空旷、荒漠

注：周边建筑界面的高度为H，人与建筑物的距离为D。

（2）广场空间的角度处理。

1）四角封闭的广场空间。图7-13所示为四角封闭型广场空间分析。

道路从中心广场穿过四周建筑：为了加强广场的整体效果，可在中央设立雕塑控制广场。

道路从广场中心穿过两侧建筑：广场一分为二，整体空间打破，无主次局面。

道路从广场中心穿过一侧建筑：广场内聚力强，主次分明，封闭感强。

2）四角敞开型广场空间。图7-14所示为四角敞开型广场空间分析。

格网型广场：道路使广场与周边建筑分开，空间的封闭性与安静性差。

蜗轮旋转型广场：以建筑墙体为景，空间完整围合。

两角敞开半封闭型广场：广场中央以主体建筑或雕塑为背景，属于封闭型的一种。

广场与建筑组合关系
道路从广场中心穿过四周建筑

广场与建筑组合关系
道路从广场中心穿过两侧建筑

广场与建筑组合关系
道路从广场中心穿过一侧建筑

图7-13 四角封闭型广场空间分析

广场与建筑组合关系
四角敞开式广场空间

广场与建筑组合关系
四角敞开道路呈涡轮
旋转形式

广场与建筑组合关系
两角敞开的半封闭广
场空间

图7-14 四角敞开型广场空间分析

2. 广场与周边道路的组合关系

（1）交叉口空间。交叉口空间由于道路交叉情况的不同，会产生不同的广场景观。在18～19世纪的巴洛克城市规划中，曾大量使用中央部分设置公园化的喷泉、雕塑等纪念性雕像的景观构成手法。直到今天，它们仍然散发着魅力，这种广场往往成为具有标志性特征的空间，如图7-15所示。宽阔街道间交叉点的街角地带往往是能够创造更有效果的广场空间，同时对道路区段也具有重要的景观意义。

（2）沿线路边空间。街道沿线产生的空间可以称为路边广场。这种小型的场地在高密度的市区内是最为珍贵的公共空地，多是小巧玲珑的半封闭空间，通过配置植栽和休息设施形成整体宁静的气氛，步行者能够深入。如图7-16所示，这种场所往往位于街道的中段，可以采取标高抬升或作为下沉式花园来增加情趣性。

图7-15 伦敦皮卡迪利广场是凝聚人气的区域中心

图7-16 英国来伊镇街边空间

7.3.2 广场设计手法

1. 尺度与规模

广场的大小受活动内容、结构布局、视觉关系、光照、条件、空间围合、周边建筑等诸多因素的共同制约，也与相邻空间的对比衬托有关。同时，适度的围合感也是产生向心力、凝聚性的重要手段，有助于其社会交往空间功能的发挥。

2. 视觉与功能

对广场内涵的不同理解，会直接影响广场的规划设计和最终效果。广场的围合性、空间的识别性与良好的视觉感对于形成场所精神、表达人文关怀具有重要的作用。

3. 主题表现

（1）广场的选址应在城市的中心地段，与重要的历史建筑或公共建筑相结合，通过环境的整体性来体现广场的主题和氛围。

（2）通过举办一些有意义的活动来创造广场软环境，如广场音乐会、文化艺术表演等。

（3）标志物最能体现广场的主题，雕塑是最直接的手段，不仅要有美的形式，同时需要经得住时间的考验。

7.3.3 广场设计元素

1. 广场绿化

广场要依据具体情况和广场的功能、性质进行绿化设计，树种应体现城市特色和地域文化。绿化组织形式分为规则式和自由式两种。规则式应体现庄重平稳的效果，但处理不当易造成过于单调；自由式则给人生动活泼、富于变化的感觉。不同类型的广场对绿化种植的要求也不一样。

（1）纪念性广场。满足人们集会、联欢、瞻仰的需要。广场面积较大，为了保持场地的完整性，道路不从广场内部穿过。广场中央不宜设置绿地、花坛和树木，绿化设置在广场周边，如图7-17所示。布局采用规则式，不宜使用变化过多的自由式，目的是营造一种庄严肃穆的环境。目前，广场的功能趋向复合型，在不失去原有性质的前提下，可利用绿地划分出多层次的领域空间，还可以提供休息的空间环境。

图7-17　北京天安门广场体现出肃穆感

（2）休闲性广场。遵循"以人为本"的设计原则，以绿化为主。广场需要较大面积的绿化，为人们提供各种活动的空间，如图7-18所示。绿化有高大的乔木、低矮的灌木、整齐的草坪和四季花卉，不仅美化了广场，还可以为人们遮阴避雨，并减弱广场大面积硬质地面产生的热辐射。

（3）交通性广场。组织和疏导交通，设置绿化隔离岛。通常以低矮的灌木、草坪、花卉组成，布局以规则式为主，图案设计简洁明快，适应驾驶员和顾客瞬间观景的视觉要求，如图7-19所示。在广场中央可以布置花坛装饰。因车速快不利于视线转换，广场不宜布置自由式绿化，以免造成不安全的感觉。

图7-18　无锡太湖广场的绿化划分出许多休闲空间

图7-19　大连中山广场的绿化整齐大气

2．广场水体

水是最具有吸引力的一种元素，可静可动，可有声音，可以映射周围的景物。

广场水景多采用人工手法，如模拟自然界的瀑布、涌泉、喷泉、激流，以增添广场的情趣；或者可以结合声光电控制、结合雕塑，成为艺术品；甚至可以与广场上的活动相结合，体现出水景独特的魅力。

3．广场铺装

广场铺装具有功能性和装饰性的意义，如图7-20所示。功能上可以为人们提供舒适耐用的路面（耐磨、坚硬、防滑）；利用铺装材质、图案、色彩的不同可以界定空间的范围，提供休息、观赏、活动等多种空间环境，并可以起到方向引导的作用；同时，不同的铺装形式也可以表现不同的风格和意义。

常见的广场铺装图案有规则式和自由式。

1）规则式：多为同心圆（产生稳定活泼的向心感）、方格网（产生安定序列的居留感）。

2）自由式：活泼丰富，多为几何形、曲线形。

广场铺装材质并不是越高档，效果越好，物美价廉、使用方便的材质可以通过图案和色彩的变化来界定空间的范围，产生意想不到的效果。常见的材质有广场砖、花岗石（多为毛面）、玻璃马赛克、青石板、黄锈石、页（砂）岩、料石、青（红）砖材、木板、卵石、复合砖材（透水砖）等，如图7-21～图7-23所示。

图7-20 具有当地特征的铺装材质（丹麦）

图7-21 花岗石碎片

图7-22 料石

图7-23 鹅卵石

4．广场小品

小品是广场中的活跃元素，同时也是体现广场主题、城市文化的灵魂。在其满足功能要求的前提下，广场小品作为艺术品，具有审美价值。由于色彩、质感、肌理、尺度、造型等特点，合适的小品布置可使广场空间的趋向、层次更加明确和丰富，色彩更富于变化。一般来说，广场小品可以分为功能设施类小品，如座椅、凉亭、柱廊、时钟、电话、公厕、售货、垃圾箱、路灯、饮水器等，以及审美设施类小品，如雕塑、花池、喷泉水盘等，如图7-24、图7-25所示。

图7-24　地面装饰小品

图7-25　装饰灯柱与时钟

知识链接　赫宁市政厅广场（丹麦）

　　赫宁市政厅广场原为一个大型的绿荫停车场，改造后的广场将停车置于地下，广场成为一个开放的、可以满足市民综合需要的城市空间，如图7-26所示。

　　广场近似梯形，处于一个缓坡上，比例关系源于周围的古老建筑。以周围教堂的空间模数为单元，在广场上多次重复，形成特有的格局，并运用铺装、植物、喷水、灯具、座凳等要素将空间划分作进一步强调，使广场尺度亲切宜人。在材质运用上，产自当地的两种不同颜色的花岗岩经过相拼，成为广场的底纹，并以浅色的铺装线形强调中轴引导视线。4个喷水池与6株金属树别具一格，为广场增添了欢乐的气氛。

图7-26　赫宁市政广场景观设计（一）

图7-26　赫宁市政广场景观设计（二）

知识链接　Afrikaanderplein 广场（荷兰）

　　该项目规划位于荷兰鹿特丹，占地面积为5.6hm²，于2005年建成。其总体规划以可供游客免费使用的中央区域为基础，而大面积的开放性区域则是公园的真正核心——人们可以在这里散步、踢球或野餐等。各种设施都有特定的布局，如市场、游乐场及大型鸟舍等，环绕在广场四周，留下一片静谧的空间。项目的特色一方面体现在作为广场，拥有较高的绿化覆盖率；另一方面则体现在多条街道汇聚于此而产生的多样性文化。广场的公共草坪是公园中最为开阔、最为青翠的区域。一道凸起的楔形台阶将公共草地一分为二，台阶的一侧是舞台，由纵横交错的线围绕而成。步道由天然石头铺设，为外部的特定功能形成了一个过渡区域。外部区域以茂盛粗壮的列植梧桐树构成轮廓，成为与街道的过渡。架有单桥的水景确保了这里的宁静。平整的草坪和交错的路径构成了公园的心脏，游客可以随心所欲地在此漫步、休憩，或是骑马、喂鸽子等，如图7-27所示。

图7-27　Afrikaanderplein广场景观设计（一）

图7-27 Afrikaanderplein广场景观设计（二）

知识链接 纽约亚瑟·罗斯广场（美国）

亚瑟·罗斯广场占地面积约为4000m²，是纽约自然历史博物馆太空中心延伸的户外厅堂。广场主要通过富有现代气息的地球——太空中心来体现博物馆的功能和外观特征。这一设计手法是受月食现象中月球的圆锥形投影的启示。广场上的巨大球体结合光线，好像悬浮在空中的月球，并在广场上形成月球的投影。广场引进新的景观材料，并设计成寓意深远的形状，星体、喷泉及古老的银杏，共同表达了探索宇宙的热情。整个广场形成公园一样的空间，既能够满足学术参观活动，也能缓解人流过大带来的压力，如图7-28所示。

图7-28 纽约亚瑟·罗斯广场景观设计（一）

图7-28　纽约亚瑟·罗斯广场景观设计（二）

思考与练习

1. 思考广场景观的基本构成特征与各类广场的设计手法。
2. 考察或针对某个实际案例，分析其设计要素及设计手法。
3. 选择某个小型广场项目进行设计创作。

课题八　居住景观

 学习要求与目标

　　了解城市居住景观的设计原则，掌握各类城市居住环境景观的构成要素，包括道路景观、场所景观、水景景观、植物景观及其他类景观的设计规范和要点，学会创造富有地域特征、文化特征的个性化居住景观。

 学习要点与难点

　　在居住景观的学习中，环境的综合塑造及其几大构成要素是本课题的重要学习内容。居住景观的组成元素不同于狭义的园林绿化，要依据每个居住小区的功能，设计时应强调"场所+景观"的环境特征，创造宜人的交往空间，体现人与自然的和谐统一。

8.1　居住小区的定义

　　居住小区一般又称为小区，是指被城市道路或自然分界线所围合，并与居住人口规模（10 000～15 000人）相对应，配建有一套能满足该区居民基本的物质与文化生活所需的公共服务设施的居住生活聚居地，如图8-1所示。根据不同的功能要求，小区的用地通常由住宅用地、公共服务设施用地、道路用地与公共绿地四大类构成。规划设计一般要满足以下五个方面的要求，即使用要求、健康要求、安全要求、美观要求与特色要求。

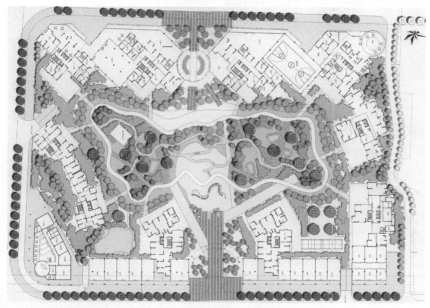

图8-1　某小区平面示意

8.2　居住景观设计要求

8.2.1　居住环境景观设计原则

　　居住环境是城市环境的一个重要组成部分，体现在自然景观、人工景观和人文景观三个层面上，如图8-2～图8-4所示，必须遵循一些基本原则。

　　1. 合理配置功能

　　人的一生中，几乎有超过2/3的时间是在居住环境中度过的。人的生活需求不仅要满足上下班、外出休闲活动、户外休息娱乐、邻里交往等各种行为的需求，还要满足居民对居住环境的私密性、舒适性和归属性等基本心理需求。这些不同的活动需要配置相应的环境设施来满足环境景观的功能性要求，同时环境景观设计还要提供相应的环境气氛，这些可以通过其形式、色彩、质感等满足居民不同的心理需求。

2. 组织优美景观

居住环境景观之美是居民更高层次的需求。对环境各要素进行合理组合，不光要注重形式产生的自然美，还要注重深层次的精神之美，让居民在人与景的情感交流中得到精神的愉悦和心理的满足。

3. 贴近自然环境

居住环境景观设施在满足功能和美观要求的同时，应当充分利用自然环境，保护和利用现有的地形、地貌、水体、绿化等自然生态条件。

4. 保持文化特色

居住环境的文化特征是通过空间和空间界面表达出来的，并且通过象征性来体现文化的内涵。

图8-2　广州"星河湾"环境宁静安逸

图8-3　深圳"万科第五园"的中国情结

图8-4　杭州戈雅公寓体现异域情调

8.2.2 居住景观的综合塑造

1. 总体环境

小区总体环境景观的设计应当尊重场地的基本条件、地形地貌、土质水文、气候条件、动植物生长状况和市政配套设施等内容，并依据小区的规模和建筑形态，从平面和空间两方面入手设计，通过借景、组景、分景、添景等多种手法，使内外环境协调，达到公共空间与私密空间的优化和小区整体意境及风格塑造的和谐。例如，滨临城市河道的小区宜充分利用自然水资源，设置亲水景观，如图8-5所示；临近公园或其他类型景观资源的小区，应有意识地设置景观视线通廊，促成内外景观的交融；毗邻历史古迹的小区应尊重历史景观，让珍贵的历史文脉融于当今的景观设计元素中，使其更具有鲜明的个性。

图8-5 杭州桃花源水墨画意境

2. 光环境

小区景观设计应当充分注意光环境的营造，利用日光产生的光影变化来形成外部空间的独特景观。小区的休闲空间应具备良好的采光环境，以利于居民的户外活动；在气候炎热地区，需考虑足够的荫庇构筑物，以方便居民的交往活动。在满足基本照度要求的前提下，小区夜间的室外照明设计也应营造出舒适、温和、安静、优雅的生活气氛，不宜盲目强调灯光亮度。

3. 声环境

在城市中，居住小区的白天噪声允许值宜不大于45dB，夜间噪声允许值宜不大于40dB。在进行小区声环境营造时，可以通过设置隔声墙、人工筑坡、建筑屏障等进行防噪。同时，通过植物种植和水景造型来模拟自然界的声环境，如林间鸟鸣、溪涧流水等，还可以适当选用优美轻快的背景音乐来增强居住生活的情趣。

4. 视觉环境

以视觉特征来控制环境景观是一个重要而有效的设计方法。在小区景观设计中采用对景、衬景、框景等设计手法设置景观视廊，会产生特殊的视觉效果。同时，通过合理搭配组合多种色彩宜人、质感亲切的视觉景观元素，也能达到动态观赏和静态观赏的双重效果，由此提升小区环境的景观价值。

5. 嗅觉环境

小区内部环境应当体现舒适性和健康性，在感官上给人比较轻松安逸的感觉。整体环境氛围宜安静、空气清新，可以适当引进一些芬香类植物，避免散发异味、臭味和引起过敏、感冒的植物，同时应当避免废弃物对环境造成的不良影响，防止垃圾及卫生设备气味的排放，从而营造一个舒适宜人的嗅觉环境。

6. 人文环境

保持地域原有的人文环境特征，是提升小区整体环境质量的一个重要手段。应重视保护当地的文物古迹，发挥其文化价值和景观价值；重视对古树、名树的保护，提倡就地保护，避免异地移植，也不提倡从居住区外大量移入名贵树种，造成树木存活率的降低。通过挖掘原有场所的人文精神，发扬优秀的民间习俗，从中提炼代表性设计元素，创造出新的景观场景，从而引导新的居住模式，如图8-6所示。

图8-6　小桥流水人家（成都）

8.3 居住景观构成

8.3.1 居住景观建筑空间构成

居住区内的建筑包括住宅建筑和公共服务设施建筑两部分。其中，住宅建筑基本分为单元式住宅和低层花园式住宅两大类。

居住区根据住宅建筑的形式可分为高层住区、多层住区、低层住区等。不同居住区的整体景观布局、空间密度及竖向地形的处理，应当根据具体的情况而呈现出各自不同的特征。

1. 单元式住宅

单元式住宅按照层数可以划分为多层、小高层、高层等。多层住宅为四至六层；小高层住宅为七至九层；高层住宅为十层及以上。单元式住宅由于在水平面上和垂直面上空间利用的不同，而产生了各种不同的单元形式，如梯间式（条式）、外廊式、内廊式、点式等。表8-1是以高层住区和多层住区为例体现的各具体景观布局的特征及要求。

表8-1　不同类型住区呈现的具体景观布局特征及要求

居住区分类	景观空间密度	景 观 布 局	地形及竖向处理
高层住区	高	布局体现出立体景观和集中景观形式。高层住区的景观总体布局应当注意图案化，既要满足近距离观赏的审美要求，又要注重空中俯视的整体艺术效果	地形塑造以多层次的手法来增加绿视率
多层住区	中	布局形式相对集中，体现多层次化。集中景观空间应满足不同年龄结构居民的心理需求，采用灵活多样的设计手法，营造特色鲜明的景观空间	因地制宜，结合现状地形，适度处理

2. 花园式住宅

低层花园式住宅有独立式、并列式和联立式三种，层数为一至三层。每户都占有一块独立的住宅基地，都有前院和后院。前院是生活性花园，通常面向景观和朝向较好的方向，并与生活道路联系；后院是服务性院落，出口与通车道路连接。

花园式住宅因为景观空间密度低，所以其景观布局体现出形式分散的特点，使每户均能享受景观。住宅与庭院结合，塑造尺度宜人的半围合景观空间。地形塑造规模以不影响住户的景观视野及满足其私密要求为原则。

8.3.2 居住环境景观构成要素

依据小区的居住功能特点，环境景观的组成元素不同于狭义的园林绿化，而是以塑造人的交往空间形态、突出"场所+景观"的环境特征为设计原则，具有概念明确、简练实用的特点。

1. 道路景观

小区道路具有明确的导向性，其景观特征应符合导向要求，并形成重要的视线走廊，达到步移景异的视觉效果，同时道路绿化种植及路面质地、色彩也应具备韵律感和观赏性，如图8-7、图8-8所示。

图8-7 车行道景观　　　　　　　　　　　　　　图8-8 步行道景观

（1）车行道景观。车行道一般是指小区级或组团级道路，住宅平行或垂直于道路布置。道路景观要有连续性，在住宅外部空间适当的地方，布局形式要有变化，局部要有小的开放空间，或者路面材质上要有变化，这样，通过形成重复的节奏感，可以打破道路空间的单调感。

（2）步行道景观。步行道一般位于住宅组团内部，承担内部步行交通和休闲活动功能，是居住小区道路景观设计中最为重要的部分。从景观上讲，步行道宜曲不宜直，这样可以在连续的道路上产生空间变化，形成丰富的空间序列。住宅沿道路有规律地布置，可以形成良好的围合感和居住气氛。

在小区道路的设计中，有些人主张实行人车分流。但事实上，小区中的很多道路都是人车共行的。这种人车共行道，必须结合步行道与车行道两种道路景观，在路面上设置各种减速岛，通过地面铺装的不同，形成安全美观的街道景观。特别要提到的是消防车道，从功能上看，消防车道属于必备的车行道，但是平时主要是作为步行空间来使用。设计这类人车共行通道时，应当结合其他景观元素，从构图手法到铺装材质上，都要体现出居住小区的设计风格，如图8-9所示。

图8-9 人车共行景观

2．场所景观

小区的场所包含各类硬质地面的场地空间，如广场、游戏场地等。该类场所景观应当注重空间边界的设计，通过提供各类辅助性设施和多种合适的小空间，达到拥有良好场所感和认同感的目的，如图8-10～图8-12所示。居住环境场所景观广义上包含住宅和交通道路之外的一切外部空间，它的类型多样，可以分为以下几种：有以活动为主要目的的广场；有以观赏休闲为目的的游赏型庭园及底层住户的私家小庭园；有以专类使用功能为目的的各种游戏场地和健身场地等。

（1）休闲广场景观设计。休闲广场的形成依靠周边环境的限定，景观的主体是周边建筑和景观设施，广场的功能在于满足人车流集散、社会交往、不同类型人群的活动、散步等需求。

（2）庭园景观设计。游赏型庭园，供人流连漫步，是动态观赏与静态观赏的统一体。因此，在景观设计时，应当强调景观的趣味性和步移景异的特征，远近层次分明，并考虑有足够的休息设施，以亭台廊榭点缀，相互借景。私家庭园一般位于住宅底层，领域界限明显，私人领域性强，在形成私有领域景观特征的同时，也应考虑整个小区的环境氛围。

（3）专类场所景观设计。专类场所包括健身场所与儿童游乐场所。这些场地的景观设计应当围绕使用对象的不同需求，在提供健康娱乐方式的同时，也传达一种生活文化。

图8-10 林下空间是活动的绝佳场所

图8-11 木制平台构建了休息空间

图8-12 中心广场具备集散、休闲等多种功能

3．水景景观

小区水景设计应结合场地气候、地形及水源条件。在南方干热地区，应尽可能地为住区居民提供亲水环境；在北方寒冷地区，设计不结冰期的水景时，还必须考虑结冰期的枯水景观，以丰富住区景观。

根据小区中水景景观的不同使用功能与规模大小，水景景观可分为自然水景、庭院水景、泳池水景、装饰水景等。在小区中设计水景景观时，可以考虑倒影池、生态水池、涉水池、景观泳池，以及各种动态水景，如喷泉、流水、落水、跌水等形态，并充分利用自然环境，保护和利用现有的地形、地貌、水体、绿化等自然生态条件，满足适宜性、观赏性、亲水性等设计要求，如图8-13、图8-14所示。

图8-13 跌水丰富景观效果

图8-14 流线型水景体现趣味性

4．植物景观

植物景观对小区环境空间的塑造和意境氛围的烘托，以及维护生态平衡，有着重要的作用。应当充分发挥植物的各种功能和观赏特点，通过合理配置，形成多层次的复合生态结构，达到小区植物群落的自然和谐，如图8-15、图8-16所示。

图8-15 植物群落渲染小区氛围

图8-16 不同季相的植物搭配，丰富小区色彩

随着人们对居住环境的要求越来越高，一个优美的小区环境不只是简单地栽植浓郁的绿化，而是要求植物群落或植物个体在形态、线条、色彩、造型等多方面能够带给人一种美的感受或联想。观赏植物通过合理搭配，在塑造空间、改善并美化环境、渲染意境氛围方面，创造出特定的绿化景观效果，成为小区景观设计的有益补充。设计时应满足园林艺术的需要、植物生态要求，以及合理的搭配和种植密度。植物的配置形式很多，一般划分为孤植、对植、丛植、群植、列植、林植、篱植等。

5．其他景观

在小区景观设计中，还包括一些具备特殊使用功能的景观，如设施类景观、硬质景观及庇护类景观等。这些要素都成为小区整体景观环境营造不可或缺的重要组成部分，如图8-17～图8-19所示。

（1）环境设施类景观设计。户外生活是居民居住生活的重要组成部分。小区景观设计通过创造一种既美观又吸引人的环境，给人以视觉、听觉、嗅觉、触觉及游戏心态的满足，主要包括照明设施、休息设施、服务设施等方面。环境设施景观设计是居住小区景观设计内容中的重要一部分，不仅可以满足各类居民对室外活动的多种需要，而且对环境的美化也能起到重要的作用。

（2）硬质景观设计。硬质景观设计体现出小区的细节设计，涉及面很广，包括景观雕塑，大门、围墙、台阶、坡道、护栏、墙垣和挡土墙等围护结构，以及种植容器、架空层和地下车库出入口等设计内容，应当满足功能和审美两方面的需求。

（3）庇护类景观设计。庇护类景观构筑物是小区中重要的交往空间，是居民户外活动的集散点，既有开放性，又有遮蔽性，主要设施包括亭、廊架、膜结构等。庇护性景观构筑物应以邻近居民主要步行活动路线为宜，交通便利，同时也要将其作为一个景观点，在视觉上增加美感。

图8-17　景观雕塑小品

图8-18　住户入口门廊

图8-19　中心水景廊架

知识链接　深圳万科第五园（中国）

万科第五园，以现代中式的写实主义手法唤醒了一个城市的历史记忆，通过对中国传统民居"天人合一"的文化象征和厚德载物的伦理功能的体现，传达出一幅百年民居与现代文明和谐共生的写意画卷。通过传统建筑元素、中式园林诠释来释放国人骨子里的中国情结。整体建筑风格用徽派建筑元素的"墙"来过渡，借园林空间来体现"幽"。设计摒弃了传统的马头墙、挑檐、小窗的形式，而是延续传统的设计手法，将个性的白墙黛瓦、墙角、漏窗、半开放的院落空间、青石铺就的小巷、采光天窗、天井绿化、青竹密林及富有文化色彩的三雕技艺继承下来，营造出适合中国人生活的传统居住环境，同时又符合现代人的生活习惯，如图8-20所示。

图8-20　深圳万科第五园景观设计

知识链接　横滨太阳城老年生活社区（日本）

　　该项目位于山顶，占地面积为7.5hm²，所在地风景优美，在全日本是数一数二的老年人生活社区。设计面临的挑战是既要保护自然资源，又要开辟出可供老年人全年活动的各种户外场地，并且设计出一个可以完全保留花园原有数目的景观。两栋由封闭小桥相连的独立"村屋"式建筑，从房间里可以远眺城市，也可以欣赏花园和林地。在两栋"村屋"和康复中心的北面，保存完好的参天大树勾勒出"漫步花园"的边缘线。无论从哪个角度看去，花园美景都能尽收眼底。宽阔的大草坪、茂密的森林花园、潺潺的小溪、水畔凉亭等，都极具日本传统风格，如图8-21所示。

图8-21　横滨太阳城老年生活社区景观设计

知识链接　Dockside Green维多利亚新型社区（加拿大）

　　社区建在一块面积为6hm²的工业场地原址上，在节能和可持续设计上遵循了行业要求的最高标准，使该项目成为北美地区唯一获得白金级认证的模范居住社区。该项目采取了闭环设计策略，如现场污水处理再利用、生物质能电厂和中央暖气系统、可替代性交通策略，以及精心规划整合的绿地和野生动物栖息地。绿色屋顶、屋顶花园及可覆盖铺装区的大型遮阴树，在营造社区环境、减少热岛效应、收集雨水等方面发挥了重要作用。水池一直延伸到住宅边缘，通过一座座的小桥将一层住户联系起来，水域深浅不一，为动植物创造了适宜的环境，水源点和流速则根据高差形成的阶梯，形成流畅的水循环。水池的设计有助于防止雨水渗透到底部的污染层，还利用现场爆破后留下的石块形成大的人工岛，表面抹上砂浆，成为动植物的栖息地。该项目在环保目标方面可以说是非常成功的，如图8-22所示。

图8-22 Dockside Green维多利亚新型社区景观设计

思考与练习

1. 思考居住景观的基本构成原则与各类居住景观的设计方法和规范。
2. 考察或针对某个实际案例，分析设计要素及设计手法。
3. 选择某个小型居住项目，进行设计创作。

学习要求与目标

　　了解滨水景观的发展历程，掌握滨水景观的类型、设计原则，学习滨水景观各类空间实体形态及其设计要点，塑造具有特色的滨水空间，为城市景观增添色彩。

 学习要点与难点

　　滨水景观设计应结合自然地貌，营造具有地方特征、群众喜爱的滨水空间，注意体现其在城市形象、游憩、文化、经济价值等多方面的作用。滨水景观的营造包括沿岸空间实体和沿线绿化带两块，在具体设计时，把握生态、文脉、亲水、功能等原则是关键。

9.1 滨水景观概述

9.1.1 城市与滨水景观

　　城市这个概念从它出现的那一刻起，就与水的关系密不可分。自古以来，江河流域、河口、湖岸和海岸就是城市定址的首选地段。城市因水而生，作为政治、经济、文化的中心的城市又带动了滨水区域的发展，其中包括滨水景观的发展。伴随着城市文化的发展，滨水景观从萌芽时期仅有的实用功能渐渐发展为一个特色景观系统。城市滨水景观不能孤立地被看成是滨水区域的自然景观或人工景观的集合，而应该是由滨水区域的建筑、园林等人文景观和各类自然生态景观构成的自然生态系统。它是生态环境、现代理念、历史传统与城市文脉的集合体，具备提高生态效益、景观效应和公共性的特点。世界上许多著名的城市都地处大江大河或海陆交汇之处，便捷的港埠交通条件不仅方便城市的日常运转，同时还使多元文化在此碰撞融合，从而形成独特的魅力。纽约、悉尼、威尼斯和中国香港、苏州、青岛等，都是因其滨水特征而享誉世界，如图9-1所示为悉尼滨水空间。

图9-1　悉尼滨水空间

9.1.2 滨水景观的构成要素

在庞大的滨水景观系统中包含诸多的构成要素，可以分为两大类，即显性的物质类型和隐性的精神类型。二者应完美结合，以达到"人在画外，犹在画中"的诗意之境。

（1）物质类型，是指一切可以被视觉感受的部分，如水面、堤坝、码头、水榭、亲水平台等，它们的集合体共同决定了滨水景观的外貌和视觉的第一印象。

（2）精神类型，是指依托于实体之上而被人们的思想所感知的情绪、情感、意境等元素，不同的人群和文化背景所感受到的精神属性是完全不同的。

9.2 滨水景观的发展

9.2.1 城市滨水空间的发展历程

河流不仅孕育了伟大的古代人类文明，而且孵化了一个个繁华的大都市。城市的形成为人类历史的发展翻开了崭新的篇章，也开启了人们对城市滨水景观发展模式的探寻。最初的滨水景观可能是无意识的，也许是一道土堤、一片河滩、一个湖泊、一条小溪、一汪池塘，随着探寻的不断深入，滨水景观的形态和样式变得越来越丰富。古人对城市滨水景观并没有概念，早期的滨水空间功能性单一，且不重视装饰性。中国最早出现的滨水空间是因为防治水患而留下的水利遗迹，如图9-2所示的四川都江堰。

图9-2 都江堰沿岸曾经是最早的滨水空间

西方国家的城市滨水空间则经历了三个大的发展阶段，即资源经济时代、工业化时代和后工业化时代。城市滨水区作为城市空间的重要组成部分，经历了兴起、繁荣、衰败及复兴，由生活空间、生产空间向复合型多元化空间转变。

1. 资源经济时代——小规模改造，功能混合，自然发展

资源经济时代，即前工业化时代，城市经济发展以资源利用为主，对水的利用主要是灌溉、生活供水与排水、人货交通等最基本的功能。对城市发展而言，贸易能力是直接决定城市地位的一个重要因素。这一时期，城市滨水区的典型特征是码头、仓库大量集聚，港口与城市生活混合，成为城市的交通中心和商业文化中心。当然，受到生产能力的限制，人们对滨水区的改造行为规模较小，功能混合，更多的是一种自然发展的态势。

2. 工业化时代——大规模改造，生产为主，环境恶化

工业革命带来了城市人口和用地规模的急剧扩大，这一时期的滨水区首先是作为产业空间存在的，成为城市的生产和交通核心，工业区向滨水区聚集，生活功能逐渐外迁。滨水区逐渐成为以工业产品运输、仓储、生产为主的工业区，形成了大规模的港口码头、工厂仓库等用地功能模式。现代工业、交通

业和仓储业为寻求最佳的经济效益，大量占据滨水空间，致使水质恶化，城市滨水地区成了人们不愿意接近乃至厌恶的场所。环境恶化的现象几乎在所有的大型港口城市里都出现过，阿姆斯特丹、伦敦、纽约、新加坡都曾如此。

3. 后工业化时代——滨水区复兴，以游憩和景观为主，功能复合

后工业化时代（20世纪70年代以后），滨水区的市场价值、独特性和延展性在新的发展趋势下逐渐显现，滨水区逐步进入创造消费空间的阶段。一系列新的城市功能空间在滨水区出现，包括休闲娱乐、商业商务、会展，以及混合功能空间和居住空间等。如今，大多数国家都已经意识到，"水"的首要功能是游憩和景观，并以此为核心，衍生出商务、居住等多种复合功能，如图9-3所示。

图9-3 波士顿城市滨水景观

9.2.2 滨水景观的类型

丰富的地形地貌产生了各种形态的滨水区域，为城市滨水景观提供了物质基础。滨水景观的类型大致可以分为三类：水体景观、衔接景观、岸上景观。

1. 水体景观

水体景观是指因水系流经地表而自然形成的"流水地形"所包括的水体、地形和较少受人为影响的自然景色。其淳朴的风格、原始的自然面貌、生物的多样性，是滨水景观最大的看点和核心景观，如图9-4所示。

2. 衔接景观

衔接景观是指位于水体景观和岸上景观之间起衔接作用的景观，包括自然景观和人造景观。例如，滨水绿带、广场、沙滩、驳岸、长堤、码头等，给人们提供了一个近距离接触水、亲近水的平台，因此具有亲水性、舒适性和环保性等特点，如图9-5所示。

3. 岸上景观

岸上景观是指滨水区附近的地上景观，或称为人工景观，是一种非自然形成的景观，完全由人类活动所创造，主要包括建筑物、市政工程。滨水区的天际线由此构成，成为城市景观的主调。岸上景观具

有自然山水的景观情趣和公共活动集中、历史文化丰富的双重特点，是导向明确、渗透性强的城市公共开敞空间，如图9-6所示。

图9-4　自然宁静的湖面

图9-5　伦敦泰晤士河边市政厅广场景观

图9-6　伦敦泰晤士北岸林立的建筑群

9.3　滨水景观设计

9.3.1　滨水景观功能

城市滨水景观体现着城市的文明，更能深刻地揭示一个城市所拥有的历史文化内涵和外延。同时，它对于城市的形象、价值及游憩方面也具有积极的作用。

1. 形象功能

城市滨水景观除了因人工形式而产生的美感，也蕴含了自然生态系统富有生命力的美，因此，滨水区成为展示城市独特形象的窗口。例如，上海外滩、杭州西湖、纽约曼哈顿金融贸易区域的滨水景观，都成为城市的形象代表。

2. 价值功能

城市滨水景观是城市文明延续的载体、平台和外在的体现，它的价值功能主要表现在对城市发展的推动上。滨水景观的改造不仅反映在改善城市环境、净化空间、树立形象、吸引游客上，还拉动了城市产业结构的发展，是城市可持续发展的重要因素。

3. 游憩功能

城市滨水景观为人们提供了游玩、观赏、娱乐的场所。它以特有的美丽景致和丰富的文化底蕴，以及与自然和谐共存的环境，成为人们修身养性、感受愉悦和美的场所。

9.3.2　城市滨水景观设计原则

1. 环境优先原则

城市滨水景观设计必须遵循"生态景观学"的原则。人类与滨水空间和谐共生的前提条件是洁净、安全的水体和水边环境，因此，对生态环境的修复和保护是一个不可或缺的前提条件。城市水系格局及周围的地形地貌特色也是构成城市自然风貌的重要资源，将城市融入自然山水之中，可以形成富有特色的城市景观，提升城市形象。

2. 以人为本原则

以人为本就应当满足参与性、服务性、趣味性、可达性、公平性等特性。参与性是指滨水景观中不仅要有可供观赏的美景，还要有可供参与的活动项目；服务性是指滨水景观中除了红花绿树、假山园林之外，还应该恰到好处地配套一些必要的服务设施；趣味性是指滨水景观不仅要追求恢宏大气的效果，也要注意雅俗共赏，增添一些富有情趣的内容；可达性是指滨水景观的各部分必须能够让游人随意进入并轻松抵达，而不是大片地圈起绿地仅供观赏之用；公平性是指滨水景观要照顾不同的使用者，让各阶层的人都能够感受滨水景观带来的乐趣。

3. 由功能决定尺度原则

古典园林是只为少数社会特殊阶层服务的，其中一个设计原则就是"小中见大，咫尺山水"，即"人在画外以观画"，而现代景观设计的成果是供城市所有居民和外来游客共同休闲、欣赏、使用的，因而决定了它要以超常规的大尺度概念来规划设计。

4. 文脉传承原则

城市空间作为城市文化的载体，就其本质而言，是地域文化的一种映射。特别是对一些具有深厚历史文化的古城，设计应根植于所在地方，尊重传统文化和乡土知识，保持城市历史文脉的延续性，适应并延续滨水场所的自然演化过程。在大规模的城市滨水区更新改造和再开发过程中，还应充分尊重地域特点，与文化内涵、风土人情和传统的滨水活动相结合，保护和突出历史建筑的形象特征，以人为本，让全社会成员都能共享滨水的乐趣。由于城市滨水场所的意义、内容多样，因而可以从生活的内容、社会背景、历史变迁、自然环境等众多因素中发掘，形成别具一格的滨水景观特色。

5. 亲水原则

受现代人文主义的影响，现代滨水景观设计更多地考虑了"人与生俱来的亲水性"。先民惧怕洪水，人与水远远隔开。而科学技术发展到今天，人们已经能够较好地控制水的四季涨落，因而使亲水性设计成为可能。人与水进行直接接触式的交流往往通过亲水木平台、亲水大台阶和悬挑入水的座凳等手法来实现，不管四季水面是涨是落，人们总能触水、嬉水、玩水。

6. 立体设计原则

从人的视觉角度来讲，垂直面上的变化远比平面上的变化更能引起关注与兴趣。立体设计涵盖了软质、硬质景观两方面：软质景观，如种植乔木、灌木时，应先堆土成坡，再分层、高低、立体种植；硬质方面则运用上下层平台、道路等手法进行空间转换和空间高差的营造。

7. 技术更新原则

由于科技的发展，新材料与技术的应用，使得现代景观设计师具备了超越传统材料限制的条件，通过选用新颖的建筑、装饰材料，实现只有现代景观设计才能具备的质感、透明度、光影等特征。

9.3.3 滨水景观空间实体形态及设计要点

1. 沿岸建筑实体

滨水区沿岸建筑的形式及风格对整个水域空间的形态有很大影响，如图9-7～图9-9所示。滨水区是向公众开放的界面，临界面建筑的密度和形式不能破坏城市的景观轮廓线，并要保持视觉上的通透性。在滨水区要适当降低建筑密度，注意建筑与周围环境的结合。可考虑设置屋顶花园，丰富滨水区的空间布局，形成立体的城市绿化系统。另外，还可将地层架空，以利于滨水区的清新空气向城市内部引入。建筑高度应进行总体的城市设计，并在沿岸布置适当观景场所，产生最佳景点，保证在观景点附近能够形成较为优美、统一的建筑轮廓线，达到最佳的视觉效果。

滨水区作为一个较为开敞的空间，沿岸建筑就是对这一空间进行限定的界面。当观者在较远的距离观看时，城市轮廓线往往成为最外层的公共轮廓线，呈现出剪影式的、缺乏层次的效果；而当视距达到一定范围时，建筑轮廓的层次性便显得极为重要，甚至在近一些的视点，往往使观者对建筑物的细部，如广告、标识和环境小品等一览无余，城市两岸的景观不再局限于单纯的轮廓线。单体建筑的设计要与周围建筑有所统一，如相同高度上的挑檐、线脚、相同母题等。

在临水空间的建筑、街道的布局上，应注意留出能够快速且容易到达滨水绿带的通道，便于人们前往进行各种活动。应注意形成风道以引入水滨的自然风，并根据交通量和盛行风向，使街道两层的建筑上部逐渐后退以扩大风道，从而降低污染和高温，丰富街道立面空间。

图9-8 绍兴临水空间

图9-7 辛辛那提滨河空间　　　　　图9-9 沿河建筑烘托出威尼斯水城的独特魅力

2. 桥梁

桥梁在跨河流的城市形态中占有特殊的地位，正是由于桥梁对河流的跨越，使两岸的景观集结成整体。特殊的建筑地点、间接而优美的结构造型，以及桥上桥下的不同视野，使桥梁往往成为城市的标志性景观，如图9-10、图9-11所示。城市桥梁的美，不只体现在孤立的桥梁造型上，更重要的是把桥的形象与两岸的城市形体环境、水道的自然景观特点有机结合。因此，应重视城市桥梁的空间形态作用，将具有强烈水平延伸感的桥梁与地形、建筑及周围环境巧妙结合，创造出多维的景观效果。

图9-10　伦敦标志性景观——塔桥

图9-11　悉尼海港大桥

9.3.4　沿线绿带设计要点

（1）滨水区空气清新，视野开阔，视线清晰度高。在滨水区沿线应形成一条连续的公共绿化地带，在设计中应强调场所的公共性、功能内容的多样性、水体的可接近性及滨水景观的生态化设计，营造出市民及游客渴望滞留的休憩场所。

（2）滨水区应提供多种形式的功能，如林荫步道、成片绿荫的休憩场地、儿童娱乐区、音乐广场、游艇码头、观景台、赏鱼区等，结合人们的各种活动组织室内外空间。

设计宜采用"线点面"结合的手法。线——连续不断的以林荫道为主体的贯通脉络；点——在这条线上的重点观景场所或被观景对象，如重点建筑、重点环境小品、古树；面——在这条主线的周围扩展开的较大的活动绿化空间，如中心广场、公园等。这些室外空间可与文化性、娱乐性、服务性建筑相结合。

（3）在滨水植被设计方面，应增加植物的多样性。使群落物种的多样性大，适应性强，可成为城市野生动物适应的栖息场所。它们不仅在改善城市气候、维持生态平衡方面起到重要作用，而且为城市提供了多样性的景观和娱乐场所。另外，增加软地面和植被覆盖率，种植高大乔木，以提供遮阴和减少热辐射。城市滨水区的绿化应采用自然化设计，植被的搭配——地被花草、低矮灌丛、高大树木有层次地组合，应尽量符合自然植物群落的结构。

（4）在驳岸的处理上，可以灵活考虑。根据不同的地段及使用要求，进行不同类型的驳岸设计，如自然型驳岸。生态型驳岸除了护堤防洪的基本功能外，还可治洪补枯、调节水位，增加水体的自净作用，同时对于河流生物的多样性起到重大作用。

知识链接　悉尼达令港（澳大利亚）

达令港由旧火车站和海运码头改造而成，昔日的船坞废墟现在成为一个成功的公共商业场所。它不仅是悉尼最缤纷的旅游区和购物中心，也是举行重大会议和庆典的场所。1815年，随着蒸汽磨坊的开张，达令港发展成为一个工业区。后来，随着悉尼港区工业的衰落，达令港又沦为一个荒芜、破败的死水港。直到20世纪80年代，为了庆祝殖民悉尼暨澳大利亚建国200周年（1988年）大典，作为澳大利亚最大的城市复兴计划，达令港被改造成为庆典的中心场所。达令港内由港口码头、绿地流水和各种建筑群组成，建设有步行广场、中式园林、喷泉、栈桥和高架单轨火车道，以及一条种植有桉树的步行林荫大道。120种棕榈树分布在步行路和高架桥下的一系列几何形花园中。植物设计体现了自然景观和人文景观的同等价值，表达出设计师这样的主张：这个理想的景观是外来植物与乡土植物和谐相处的结果。这里舒适而又平和，没有围墙和车辆，人流熙熙攘攘，呈现出繁荣景象。今天的达令港已经成为悉尼城市中心的一个重要组成部分和澳大利亚的一颗璀璨明珠，如图9-12所示。

图9-12 悉尼达令港景观设计

知识链接 伦敦南岸中心（Southbank Center）（英国）

　　南岸中心（Southbank Center）位于伦敦市中心泰晤士河南岸，在20世纪50年代由于兴办英国节日旗舰展览而使游客络绎不绝。后来展览结束，这片区域也被废弃，只留下皇家节日音乐厅这一幢建筑。南岸中心的真正复兴开始于1983年伦敦议会开始实施的"打开大厅"政策，将废弃的厂房开发为博物馆、艺术文化中心，以丰富公共活动；并设置了景观绿化、广场、雕塑、露天座椅，并增加亲水空间。建筑结合泰晤士河沿岸布置，几乎是根据河道的形态而建，滨河步道不宽，沿河界面完整，底层形成了连续的公共活动界面。改造后的伦敦南岸中心使这个原先的滨河旧区成为最富有魅力的艺术中心和展示伦敦城市特色的窗口，如图9-13所示。

图9-13 伦敦南岸中心景观设计（一）

图9-13 伦敦南岸中心景观设计（二）

知识链接 马尔默Bo01住宅展区滨海公共空间（瑞典）

  Bo01住宅展区西部靠海，滨海公共空间由丹尼亚公园、斯堪尼亚广场和滨海散步道构成。三部分各有特点，但是统一连贯，形成了朝向壮丽海景的开敞散步空间，是一个人们能接近大海、享受阳光和欣赏风景的地方，如图9-14所示。设计受到古代军事要塞的启发，丹尼亚公园体现出古朴粗犷的风格，开阔的视野突出了基址位于海滨的特点。广场从海边一直插入居住区，三面的台阶提供了休息远眺的场所，变化的材料体现了不同的质感。散步道采用台阶状的木平台形式，长为220m，设计极为朴素，强调的是海洋与天空瞬息万变的景象，人们可以根据自己的方式来使用这个空间。滨海空间建成后，不仅受到当地居民的喜爱，也吸引了大批马尔默人旅游休闲。虽然该地区常年受海风影响，限制了植物，尤其是乔木的生长，但是设计师对自然环境的强调、对人们使用的关注和对硬质景观的成功把握，使得滨海空间生机盎然、充满活力。

图9-14 马尔默Bo01住宅展区滨海公共空间景观设计（一）

图9-14 马尔默Bo01住宅展区滨海公共空间景观设计（二）

思考与练习

1. 思考滨水景观的类型和设计原则及其空间形态的设计方法，考虑如何营造具有特色的滨水空间。
2. 考察或针对某个实际案例，分析其设计要素及设计手法。
3. 选择某个滨水景观项目，进行设计创作。

课题十　城市历史文化景观

学习要求与目标

了解城市历史文化景观的发展历程，掌握各类城市文化遗存保护的内容，如历史建筑、历史街区及工业遗产的保护模式和手法，了解世界对各类文化遗产的相关保护宪章的内容，学习塑造具有历史特色、文化特色、地域特色、审美特色的城市景观。

学习要点与难点

在城市历史文化景观中，城市的文脉与场所、审美等诸多内容应体现出城市地理环境和社会文化特征等多方面的内容。在学习中，应当强调城市景观以构建人类历史进程中人类的过去、现在和未来的关系网，来营造文明发展的动势。

10.1　城市的记忆与景观的历史感

城市是人类文明的结晶，不同的地理环境特质和社会文化背景，造就了不同城市各具特色的景观环境和历史文化。城市历史文化遗存是指那些在城市文明进程中最具有典型意义的物质积淀。根据历史文化遗存物质环境的具体情况，它可以是严格保护的文物建筑、风貌保护的历史街区等。城市景观与城市历史达到了完美的契合，城市被历史蒙上一层沉甸甸的苍桑感，整座城市因城市景观所承载的历史与所构建的关系而含义深远、魅力隽永——这便是城市景观审美中的历史感。

城市景观作为一种符号，传承着人类自身的历史。人不是生活在城市景观的实体之中，而是生活在承载历史文化的符号王国之中。在城市中所发生的历史事件与时代精神被城市景观实体化进而符号化，并依托市民自身的时空维度，在回忆（过去）、体验（此时此刻）、期待（现实之于未来）中持续存在。在这种语境下，作为符号化的城市景观便具有构建出人类历史进程中人的过去、现在与未来之间的关系网，并营造人类文明发展之动势。通过城市景观对人类文明积淀的实体化和符号化，通过其所构建出来的关系网络，使人们对现今所生活的城市具有更深度的认识。

10.1.1　城市景观审美的历史感体现

城市景观审美的历史感主要体现在审美品格、时尚韵味及主观感受三个层面，即城市景观的典与雅、古与今及观与思，如图10-1～图10-3所示。

1. 典与雅

典主要侧重于城市景观中的时间意味，雅则侧重于城市景观中的文化底蕴。但凡历史悠久的城市景观都给人一种历史的厚重感。对每个人而言，历史是记忆。人们不仅懂得记忆，还要根据它生活。凭借城市景观，人们对城市的过去回忆得越远，对城市现在的境遇也就了解得越深，历史的厚重也增强着现在的厚重。雅主要意味着文化悠远、品格高雅。在文化遗产和历史景观中凝结的是人类文明与智慧的结晶。城市景观的典雅特性主要体现在所保护和保存的古代遗迹中，因为它们见证着城市的历史，并能让人产生景仰、自豪等诸多情感。

图10-1　典雅的建筑——英国国会大厦

图10-2 现代城市景观中古今建筑并存（伦敦）

图10-3 澳战纪念广场（伦敦）

2. 古与今

城市中的历史景观与当代景观之间形成了张力之美。这种古与今的并置，是双方在保持自身鲜明个性的前提下，在共存共栖的氛围中，产生出的独有的力度感，正是这种力度感营造出城市景观独特的美学情境。没有历史景观的城市只能被看做一座毫无底蕴的新建之城；没有现代景观的城市也只能是一座毫无生机的历史布景。

3. 观与思

观与思是对城市景观的观照与想象。观是观照城市景观的外在形式，观照景观呈现的形式美，尤其是那些古代的城市景观，其所体现出的艺术风格都是经过千锤百炼的经典原则。思是对城市景观形式背后所蕴含的精神和所发生的事件进行想象，力图重现城市景观在过去发生的事情，并对城市之未来进行想象。

10.1.2 城市景观历史文化的信息表达

优秀的景观作品形成的目的不仅仅是给人们带来视觉愉悦的表层含义，往往还有更深层次的文化寓意。这要求设计师运用巧妙的艺术构思和灵活的表现手段，以一定的抽象的环境形象，调动到访者的审美记忆，引导人们对景观的认知从一般的感性认识上升到理性层面。

1. 再现

（1）原貌的片段再现。基于历史环境原址上的历史景观再现，一般采用局部复原的方法，来表示地段的历史积淀，产生与环境相似的文化氛围。设计师应当适度择取与今日环境能够共存的局部片段进行恢复，以喻示历史环境的氛围，给人们留下广阔的畅想空间，并形成新老景观的对比认识。

（2）意象的环境再现。某些城市的历史空间是结合独特的自然环境共同产生的，历经了城市历史的发展演变，形成了具有城市历史文化特点的环境景观。出于突出城市历史文化特色的考虑，可以选择在具有相同自然环境资源的适宜地点异地修复，以再现历史景观的意象。

2. 重构

城市中的某些历史遗存虽然已经丧失了原本的功能价值，但其中仍然蕴含着重要的历史文化信息。将其中的构成元素经过选择保留，借助技术和艺术的处理，在形式上可以达到现代艺术的美感要求，从而转化为新的景观节点，成为重塑空间的标志，并结合环境形成具有历史意境的和谐空间。

3. 标识

历史久远的城市蕴含着深厚的文化积淀。可以根据遗迹存在的形式，运用空间标识的方法强化历史文化的地点性，达到引导人们解读认知的目的。

（1）遗迹自身展示型的标识。通过发掘，重新显露出来的城市历史遗迹，通常是原来空间景观的局部。可以开辟一定的空间领域，满足观赏展示的相应要求，同时也为人们构想当初景观完整的形态提供丰富的想象空间，不仅展示了街区特有的发展历史，而且构成了一处极具文化意义的城市景观，如图10-4、图10-5所示。

（2）景观纪念物揭示性的标识。在不具备实物遗存展示的条件，但又有特殊历史文化意义的地点上，可以根据史料文献记载，以建筑物或构筑物的形式形成纪念性的景观，对城市的历史文化信息进行地点性的标识。

图10-4　将遗址纪念物用现代构架包裹，极具文化展示
意义（江阴）

图10-5　将遗存的水塔赋以现代内涵，体现出工业
纪念（中山）

10.1.3　城市的文脉与场所

"文脉"一词，最早源于语言学范畴，其内涵和外延都包含着极其广泛的内容，狭义上可以解释为"一种文化的脉络"。由于自然条件、经济技术、社会文化习俗的不同，环境中一些特有的符号和排列方式，形成这个城市所特有的地域文化和建筑式样，也就形成了其独特的城市形象。对于城市景观艺术的研究，无疑需要以文化的脉络为背景。

场所的含义在于，只有当空间从它所处的历史事件、社会文化、人类活动等特定条件中获得了文脉意义时，它才能被称为场所。从类型学的角度讲，每一个场所都具有其特征，以及因使用而赋予它的某种环境氛围。人类为了发展自身，发展他们的社会生活和文化，就需要一种相对稳定的场所体系，这种形体空间所附带的情感上的重要内容，也就是所说的场所感。

城市是渐进式演变的，只有将人与建筑景观、建筑景观与城市景观、城市景观与历史文化之间的关系分析研究透彻，城市历史景观的丰富性才能被理解，文脉才会更清晰，或者说，一个新的景观空间才能被引申出来。

10.2 城市历史文化遗存

10.2.1 历史建筑的保护与再生

古代建筑不仅以实体记录了当时的建筑技术与建筑艺术，同时也记录了发生于这里的众多事件，记录了古代的政治与历史。所以，建筑是一个古代历史、艺术与科学的载体，古代建筑具有历史的、艺术的、科学的价值。城市建筑文化史就是不同历史发展时期和不同建筑风格在城市建设中相结合的体现。日本建筑师黑川纪章曾经讲过，"建筑是本历史书，在城市中漫步，应该能够阅读它，阅读它的历史、它的意蕴。把历史文化遗留下来、古代建筑遗留下来，才便于阅读这个城市。如果旧建筑、老建筑都拆光了，这座城市也就索然无味了。"对于一座城市而言，建筑文化遗产就是自己的品牌和个性，是创造和建设现代特色城市的基础，如图10-6所示。

1. 历史建筑保护的概念

1964年，在联合国教科文组织倡导下提出的《威尼斯宪章》，推进了全世界的历史建筑保护工作。

在城市规划和城市改建中，一般应考虑保护的历史建筑可以定义为：

图10-6 佛罗伦萨大教堂构成了街道的特色

（1）在城市发展史、建筑史上有重要意义的历史建筑，即代表某一历史时期建筑技术或艺术的最高成就，或是某种建筑艺术风格的代表作品。

（2）具有较强个性特点的历史建筑，长期以来被认为是城市的标志性建筑（或建筑群）的建筑。

1）由著名建筑师设计的、在建筑史上有一定地位的优秀建筑。

2）艺术价值较高、造型优美、对丰富城市建筑面貌有积极意义的具有某些外来艺术形式的建筑。

3）代表城市发展某一历史时期传统的民居建筑，通常保留较完整的典型街区。

4）城市历史上与某一重大事件或某种社会现象有关的纪念性建筑。

5）一些同城市文化传统有关的街区也是重点保护对象，如北京的琉璃厂文化街和大栅栏商业街等。某些造型别致、地方色彩浓厚的街区也可列为保护对象，如江南地区的临水民居，四川民居，山西晋中、晋南民居等。

2. 历史建筑的价值

历史建筑的价值主要体现在以下几方面：

（1）美学价值。历史建筑具有独特的品质，因为它会令人回想起一个拥有真实技艺和个性魅力的时代，而这些在现代工业化的建筑及建造系统中都消失了。可以说，与机器制造的产品相比，人们潜意识里对那些注定要磨损风化的自然材料有着一种本能的认同感。

（2）建筑多样性的价值。一个历史场所的美观应当是由许多建筑组合、并列而产生的，并不是其中任何一栋特殊建筑单独作用的结果。正是因为过去的建筑与现代建筑并置一处，才显现出它们的价值。即使是相对世俗的历史建筑，也会因为它们对城市景观的美学多样性做出的贡献而体现出自身的价值。

（3）功能多样性的价值。街区租赁量变曲线的波动范围取决于各种建筑空间的时代多样性及功能混合能力。因此，各街区的产权状况有可能导致相邻街区之间不同功能的协同作用。

（4）资源的价值。无论建筑是否美观、有无历史意义或是简单、实用与否，能够使用的话总比替换掉要好。建筑的再利用促成对紧缺资源的保护，减少了建造过程中能源和材料的消耗。

（5）文化记忆、遗产连续性的价值。这不仅是一种美学或视觉的连续性，还是一种很重要的文化记忆的连续性。历史证据对人们建立文化认同感、延续与某个特定场所或个人有关的记忆，都具有教育意义。

（6）经济收益与商业价值。历史建筑具有稀缺性。这种稀缺性提供了直接的产生经济收益的机会，如旅游业。然而，除了一些博物馆和咖啡馆外，只有极少的建筑把这个作为直接的收益来源。与其他没有什么明显特征的资源相比，历史建筑的稀缺性还可以提供额外的商业价值。例如当老的工业建筑改变为居住建筑后，居住功能使建筑独具魅力和更有人性化。图10-7、图10-8反映的是历史建筑的这一价值。

图10-7 晋中历史建筑群

图10-8 重庆磁器口改造后赋以商业价值

知识链接 《建筑遗产欧洲宪章》

欧洲拥有世界上众多的建筑遗产，为了能让公众认识到位于城市和乡村的历史性建筑物，古建筑群和有意义的历史地区承载着不可替代的文化、社会和经济价值，欧洲理事会于1975年起草了这份宪章。本文摘选了一些内容加以引述，以供大家学习。

◆ **欧洲建筑遗产不仅包含最重要的纪念性建筑，还包括那些位于古镇和特色村落中的次要建筑群，以及它们的自然环境和人工环境。**

多年来，只有一些主要的纪念性建筑得以保护和修缮，而建筑的周边环境则被忽视了。直到最近，人们才逐步认识到：周边的环境一旦遭到破坏，纪念物的许多特征也会丧失。今天，我们已经认识到，尽管一些建筑群体中没有价值十分突出的范例，但是整体氛围具有艺术特质，能够将不同的时代和风格融合为一个和谐的整体，这类建筑群也应该得到保护。

建筑遗产是历史的一种表现，有助于我们理解过去和当代生活之间的关联。

◆ **建筑遗产中所包含的历史，为形成稳定、完整的生活提供了一种不可或缺的环境品质。**

面对现代物质文明的迅速变化，辉煌的成就与严重的威胁同时并存。今天，人们对遗产价值有一种本能的直觉。

作为人类记忆不可或缺的组成部分，建筑遗产应以其原真的状态和尽可能多的类型传递给后代。否则，人类意识自身的延续性将被破坏。

◆ **建筑遗产是一种具有精神、文化、社会和经济价值的、不可替代的资本。**

每一代人对历史都有不同的诠释，并从中获得新的灵感。这一资本经过数百年才积累形成，对其任何部分的破坏都只会让我们更加贫穷，因为我们创造的任何新事物，无论多好，都无法弥补这一损失。

现在，我们的社会应节约利用这些资源。建筑遗产远非一件奢侈品，它更是一种经济财富，能够用来节省社会资源。

◆ **历史中心区和历史地区的组织结构，有益于和谐的社会平衡。**

只要为多种功能的发展提供适当的条件，我们的古镇和村落会有利于社会的整合。它们可以再次实现功能的良性扩展和更良好的社会整合。

◆ **建筑遗产在教育方面扮演着重要的角色。**

建筑遗产为建筑形式、风格及其应用的解释和比较，提供了丰富的素材。今天，视觉感受和亲身体验在教育中起到决定性的作用。保存这些不同时代体现着当时成就的、鲜活的印痕非常必要。

只有当绝大多数人，尤其是作为未来保护者的年轻一代理解了保护的必要性时，才能确保这些物证的留存。

◆ **整体性保护依赖于法律、管理、财政和技术方面的支持。**

通过实施缜密的修复技术和正确地选择适当的功能，能够达到整体性保护的要求。在历史进程中，城镇中心和一些村落都在逐渐衰退，变成了质量低劣的住宅区。处理这一衰退问题必须基于社会公正，而不是让那些较贫穷的居民自理。正因为如此，所有的城市和区域规划必须把保护作为首要考虑的因素之一。

还应当指出，整体性保护并不排除在拥有老建筑的地区引入现代建筑，只要它尊重现存的环境、比例、形式、体量和尺度，并使用传统的材料。

3. 历史建筑文化的保护与更新

历史建筑是城市文化底蕴的集中体现。这些曾延续一段时期的历史建筑，无论是建筑本身或其内部所包括的生活方式，均记录着在社会变迁下的生活价值与物用功能，因此，这些空间对于人类来说，也蕴含着一份特殊的情感与过往生活的记忆。运用合适的保护和改造手法，能够赋予历史建筑新的生命，在传承历史文脉的过程中又演绎着新的历史使命。

手法一：重组空间。

被列入保护的历史建筑，有许多被赋予了新的使用功能。它们不仅仅作为城市的文物，更作为城市公共生活中的重要角色而存在。因此，在充分尊重其文物价值的前提下，也需要重新建立一种符合时代标准的使用功能空间。因此，老建筑内部空间的重新组合是历史建筑获得新生的基本条件。

手法二：留存记忆。

对于珍贵的遗迹，必须在尊重考古学的历史保护方式的基础上加以保护；而对于在历史环境中的记忆留存，则要求设计师遵循遗存整合的原则，在新的空间秩序中巧妙融入历史的痕迹，并赋予其当代特征与精神。

手法三：解读历史。

改造与再利用是解读历史的艺术，将历史建筑隐藏的文化内涵揭示出来，更加凸显其文化魅力。每个新要素都具有形式上的独立性，但是以片段的改造策略、以新老要素并置的方法，可以将历史沉积自然地剥离，构筑历史与现代的交流空间。

手法四：再现情景。

历史建筑的再利用往往会改变或者调整原有建筑的使用方式。将原有的功能从形式中剥离并赋予新的功能，使其与原有的形式保留一定的独立性。新的要素与老建筑之间形成的距离与张力不失为一种成功的设计手法。建筑不仅可以保存历史的真实，同时新的使用者又营造了一种独特的情景空间，获得文化与地域的归属感。

知识链接　城市遗产的保护——从世界遗产到世间遗产

城市遗产有很多个性：一些是可见的有形文化遗产，另一些是不可见的无形文化遗产；一些被认为是重要的、有代表性的，如世界遗产、国家文物，另一些则被认为是附属的、次要的，如地方文物；一些在形态上已经基本固定下来，另一些则还在不断地变化。

世界遗产是一个从国外引进的保护体系，它没有强调规模、范围上的严格划分，可以大到整个城市、某个街区，小到单体建筑物；更强调类型的划分，目前分为自然遗产、文化遗产、自然与文化双遗产、文化景观遗产，以及人类口述和非物质遗产五种类型。世界遗产所关注的对象从最开始的非生活功能的遗迹、遗址、城市空间和建筑实体等有形遗产为主，扩展为无形的、口头的文化领域。

世间遗产是由日本奈良的一个福利团体首先提出的，是指平民百姓生活中的日常空间和普通风景，几乎可以涵盖生活空间的所有类型，包括具有地方特色的民居商铺、胡同巷道、工矿企业、手工作坊等，延续着历史，充满了人情，其存亡兴衰受到居民的关注，成为重要的城市遗产。但是这些遗产因为担负着实用功能，处于日夜使用、时时改变的状态，而且因为没有重要文物的存在，而没有列入现行的遗产体系。

世间遗产的分类包括以下几类。

1) 精神信仰类。贯穿于日常生活的信仰、宗教意识等非物质文化遗产，在形体和空间上通过小庙、碑刻等标志物有所反映。

2）生活空间类。巷道、胡同、广场等日常生活空间，随着居住者的生活而不断变化。

3）生产设施类。厂房、作坊、仓库等空间往往随着产业结构转型而被闲置甚至拆毁，但是近年来也有很多再利用的成功案例。

4）景观类。某些被共同欣赏的景观，一旦损失会使居民丧失地域感和场所感。

世间遗产是从真实生活的角度出发，形成的对世界遗产的补充，把人类社会诸多要素作为文化基因保留下来，以达到教育后人的目的。世间遗产为世界遗产的保护提供了空间上的过渡、时间上的缓冲及资源上的储备。在时间的维度上，世间遗产既是现存世界遗产的原型，又是未来世界遗产的雏形。世间遗产的建立，在本质上是对真实生活世界的尊重，是把城市遗产保护看做一个渐进的过程。世间遗产的保护需要更加灵活、弹性、综合的手段，需要联合社会、经济、文化、建筑和规划界人士，共同策划，需要居民更大程度、更为积极的参与。

10.2.2 历史街区的保护

1. 三次历史街区保护运动思潮

自20世纪70年代以来，城市历史地段和历史街区的重要性再次得到人们的重视。第一次历史街区保护运动的基本策略是保护单体建筑、构筑物和其他遗迹，这种保护往往带有民族主义或者宗教背景。第二次历史街区保护思潮，更确切地说，是保护运动的重点转而注重历史建筑群、城市景观和建筑环境的保护。在大多数国家，从单体建筑保护发展到区域性保护，注重历史街区的振兴，这个过程十分迅速。当人们关注整个城镇景观和街道形态时，一系列的功能要素就逐渐清晰地凸显，由此导致了第三次历史街区保护思潮的出现，即制定更有针对性的、特别的和地方化的保护政策。

早期的历史街区保护政策更多的是关注维护遗产本身的历史性，而以后的保护和振兴政策则更注重遗产的未来。任何在城市历史街区中的振兴、尝试，都要审慎地考虑其文脉与环境，因此必须处理好难以阻挡的经济发展的需求，以及为保护物质景观而使这种发展受到限制和控制之间的矛盾。

2. 历史街区的改造原则

历史街区是城市中最具有活力的动态有机体，不仅需要保护，也需要更新，更需要发展。保持这些富有生命力的历史遗存是抵抗当代城市中场所缺失的主要途径。对于历史街区的改造，应当遵循以下原则：

1）对保护内容与范围的界定要体现对历史环境的尊重。历史环境是指历史街区和建筑及周边环境，包括硬质环境（城市肌理、空间形态、建筑特征等）和软质环境（生活场景、社会特征等）。

2）保留历史风貌街区的城市功能，通过更新改造、保护修复，以继承为目的，遵循城市新陈代谢的发展规律。

3）对历史环境的修复，主要包括街道界面的整治和城市功能的复兴。传统风貌保护街区的界面修整包括传统空间形态和肌理的缝合、传统风貌建筑的修缮、街区环境的整治，以及建筑内部和城市设施的更新等。街区界面修整是恢复并展现历史风貌街区魅力中最容易见成效的保护措施。城市功能的复兴就是在历史风貌建筑和街区的原有功能基础上，通过修复整合和优化，赋予其新的功能，使之在现代城市中重新焕发生命活力，体现其多重价值和综合效应。

4）历史环境中的新建筑是保持传统街区风貌和活力、改善历史建筑功能、提高环境质量的重要部分。对其精心设计、精心施工，使之不仅可以成为传承城市传统文化的载体，也能成为城市新时期优秀建筑的象征。

3. 城市历史保护街区进行建筑更新的新模式

（1）对于修缮、保护类的建筑和环境整治。基本不改变建筑的原有平面布局、使用功能、结构体系、材料构成和形式风格等表征建筑历史和文化的基本要素，采用相应的维护手段保持建筑的生命力和历史价值。

（2）对于改建、扩建类的建筑局部改造。改变建筑内部的结构、装饰装修等部分，或通过加建部分新建筑来适应新的功能。以不破坏历史保护街区的整体风格为前提，为历史街区注入更多的活力。

（3）拆除、重建类的建筑原址再造。对于与原有街区中保护价值不符合的建筑予以拆除重建，或者在原址重建与环境相协调的、更高要求的建筑，提升文化品位。

图10-9所示的上海新天地广场改造项目，以中西合璧、新旧结合的海派文化为基调，将上海特有的石库门经过"整旧如旧"的改造，与极具现代感的新建筑融合在一起，形成了集历史、文化、旅游、餐饮、商业、娱乐于一体的特色场所。

图10-10所示的杭州南宋御街改造项目，缝合了城市发展过程中新旧街道、新老建筑区域之间存在的裂痕，景观设计把历史建筑放到了重要位置，重点突出坊巷特色，以勾起传统回忆；引水入街，结合散落的方池，营造南宋园林气息。新建筑结合并利用现有的商店、旅馆、咖啡馆，成为展示民间文化的博物馆。

图10-9 新天地石库门中的精品屋（上海）　　　图10-10 南宋御街突出街坊特色，展示地方文化（杭州）

10.2.3 工业遗产的保护与更新

1. 工业遗产的保护概念

工业遗产是指那些工业文明的遗存。这些遗存包括建筑、机械、车间、工厂、选矿和冶炼的矿场和矿区、货栈仓库，能源生产、输送和利用的场所，运输设施和基础设施，以及与工业相关的社会活动场所，如住宅、宗教和教育设施等。

工业遗产保护源于工业革命最早发端的英国，当时的曼彻斯特、利物浦、谢菲尔德等城市都以工业而闻名。随着全球化经济的来临和信息产业的出现，工业遗产保护问题在英国开始引起重视。19世纪末期，英国就出现了"工业考古学"，强调对工业革命与工业大发展时期的工业遗迹和遗物加以记录和保存，这一学科使人们萌发了保护工业遗产的最初意识。随着工业化进程的加速，至20世纪70年代，较为完整的工业遗产保护的理念逐渐形成。

2003年7月，在俄罗斯下塔吉尔召开的国际工业遗产保护委员会大会上，通过了专用于保护工业遗产的《下塔吉尔宪章》。该宪章阐述了工业遗产的定义，指出了工业遗产的价值及认定、记录和研究的重要性，并就立法保护、维修保护、教育培训、宣传展示等方面提出了原则、规范和方法的指导性意见。

近年来，工业遗产的概念在继续扩大，其中"工业景观"的提出引起了人们的关注，一些国家已经实施了广泛的工业景观调查和保护计划。国际工业遗产保护委员会主席L·伯格恩教授指出："工业遗产不仅由生产场所构成，而且包括工人的住宅、使用的交通系统及其社会生活遗址等。但即便各因素都具有价值，它们的真正价值也只能凸显于它们被置于一个整体景观的框架中；同时，在此基础上，我们能够研究其中各因素之间的联系。整体景观的概念对于理解工业遗产至关重要。"图10-11所示为德国的萨尔布吕肯市港口岛公园。该工业景观接近市中心，第二次世界大战期间曾是煤炭运输码头，后来遭到破坏。场地包括瓦砾废墟、装载设备、高架铁路，以及地表水、草地和树林等一系列内容，具有"生态博物馆"的氛围，通过设计，重构了19世纪的城市历史面貌，并集中地反映了该工业景观的真实性和完整性。

图10-11　萨尔布吕肯市港口岛公园的下沉广场景观

2. 工业遗产的价值

工业遗产包括历史的、社会的、科技的、审美的和再生的价值。

（1）历史价值。工业遗产是工业活动的见证，这些活动一直对后世产生着深远的影响。保护这些遗产的动机在于这些历史证据的普遍价值，而不仅仅是那些独特遗址的唯一性。

（2）社会价值。作为普通人生活记录的一部分，这些遗产提供了重要的可识别性感受。

（3）科技价值。这些价值是工业遗址本身、建筑物、构件、机器和装置所固有的，它存在于工业景观中，存在于成文的档案中，也存在于一些无形的记录中。

（4）审美价值。它们在生产、工程、建筑方面具有技术和科学的价值，也可能因其建筑设计和规划方面的品质而具有重要的美学价值。

（5）再生价值。特殊生产过程中的残存、遗址的类型或景观，由此产生的稀缺性增加了其特别的价值，具有巨大的文化重建和综合开发潜力。

3. 工业遗产的保护与再生模式

20世纪70年代以来，西方国家对工业遗产的保护和再利用进行了丰富的创作实践和理论探索。对待工业遗产的态度，并没有因为一些老工业基地的产业已经退化，就在改造过程中拆除，而是将其作为工业发展过程的见证，采取一些积极的手段进行干预、保护和调整，以挖掘工业遗产潜在的价值，赋予其新的功能与意义，使其适应时代的需求，形成良好的态势，重新获得生命活力。

工业遗产的保护再生是城市可持续发展的体现，也是延续城市活力的有效途径。进行工业文化景观的保护与再生，应当积极地去重视景观资源的文化生态构成，强化资源特色，延续城市的集体记忆，如图10-12～图10-14所示。

工业遗产的保护与再生模式主要有以下几种。

（1）融合式的保护型模式。这种模式不是让工业遗产成为代表过去的一种纪念物，而是让它所承载的历史文化积极融合到现代生活中，从而实现传统文化的真正再生。可以通过局部静态的、封闭保护研究与动态的、向公众开放展览这两种方式的结合；重视工业遗产的整体环境，而不是只强调建筑本身，这种方式将成为未来工业遗产保护的主要方向。

（2）先导式的开发型模式。这种模式运用文化生态学中的叠加增值原理，通过增加、延续生态节点的链接，强调将工业遗产作为可以增值的文化因子，与其他产业因子叠加，来激活工业遗产的活力，传承以往的文化，开发以旅游文化为主导、以生态艺术为先导，以及以居住建设为先导的几种模式。

（3）综合式的再生模式。这种模式是指在同一块土地或空间单元中，不同的使用性质和功能兼容，通过不同功能的混合布置，可以增加城市的宜人气氛和安全感，使市民享受各种类型的服务，实现公共设施的高效使用。

图10-12 伦敦船坞住宅改造开发建设

图10-13 伦敦Canada Wharf地区改造开发保留的钢铁桥遗迹

图10-14 矿坑的传送带作为艺术品保留下来（德国）

知识链接 惠山古镇风貌协调区重点地段景观设计（中国）

　　惠山古镇历史文化街区的风貌协调区作为惠山祠堂街区和整个城市的补缺，通过建筑空间、水岸界面处理、生活休闲形态的多样化，强调民众的参与性，以"本土的、现代的"地方特征体现亲和性、多样性、放松性、自然性和文化性的特点。

　　协调区重点地段在空间处理上沿惠山浜河道划分成相对开放和私密的区域，通过建筑院落、水岸、桥梁的适当收放，满足龙光塔视觉轴线的引入，使得空间的层次更加丰富多样，符合传统居住建筑空间的特性，体现出宜人的亲和性。该地块是惠山古镇历史文化街区的前沿阵地，是联系古镇文化与运河文化的重要枢纽。景观通过轴线的转换形成若干个空间节点，或是遮挡，或是延伸，使得视线的变换丰富而有趣，整个地块形成的空间在功能上与核心区形成互补。空间以街（宽街）——巷（水巷+小巷）——院（院落）——桥（小桥+天桥）为主要构成元素，互相渗透穿插，构成网络，如图10-15所示。

1—通惠广场　　　　8—西山平桥　　　　15—时代购物中心（铭人百货）
2—高档餐饮区　　　9—云溪桥　　　　　16—影视娱乐中心
3—休闲茶座　　　　10—廊桥　　　　　　17—文化休闲娱乐区
4—水中绿岛　　　　11—瞭望塔　　　　　18—铭人会所区
5—移建文物保护建筑　12—望塔广场　　　　19—特色餐饮区
6—水岸风情酒吧街区　13—戏台书院
7—黄泥桥　　　　　14—龙光街

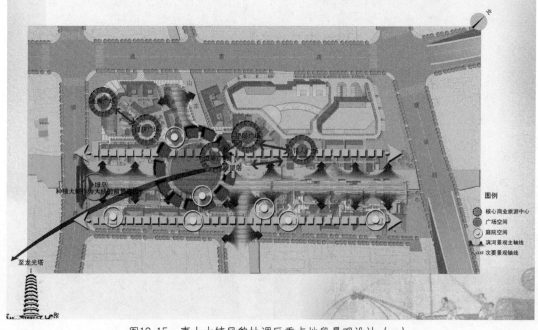

图例

◎ 核心商业旅游中心
○ 广场空间
○ 庭院空间
⬆ 滨河景观主轴线
⟶ 次要景观轴线

图10-15　惠山古镇风貌协调区重点地段景观设计（一）

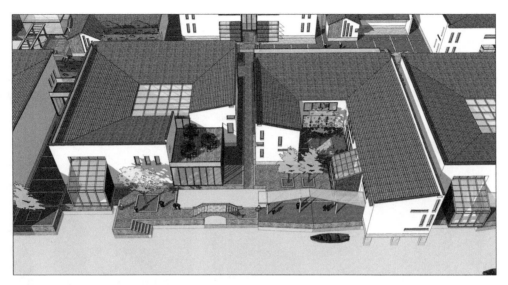

图10-15 惠山古镇风貌协调区重点地段景观设计（二）

知识链接 伦敦泰特现代美术馆（英国）

　　英国伦敦泰特现代美术馆在改造前是原伦敦发电厂，厂房的设计非常注重与圣保罗主教堂相协调，将乡土特色的建筑与工业环境合二为一。伦敦市政府把现代艺术和文化复兴作为推动该区域更新发展的策略，改造设计将既有建筑浓厚的历史积淀、工业建筑宏大的气势与艺术馆的优雅形象完美地结合起来。泰特现代美术馆的改造将一个几乎停用了20年的旧发电厂再生为一个集休闲、旅游观光与科普教育为一体的综合性城市空间，如图10-16所示。

图10-16　伦敦泰特现代美术馆景观设计

知识链接 北京798工厂（中国）

　　北京798工厂是20世纪50年代前苏联援助中国建设的一个大型国有工厂，由德意志民主共和国负责设计建造，秉承了包豪斯的理念。当工厂的生产停滞以后，一批全新的创意产业入驻，包括设计、出版、展示、演出、艺术家工作室等文化行业，也包括精品家居、时装、酒吧、餐饮等服务性行业。在对原有的历史文化遗存进行保护的前提下，他们对原有的工业厂房进行了重新定义、设计和改造，带来的是对于建筑和生活方式的创造性理解，如图10-17所示。

图10-17 北京798工厂的改造设计

知识链接 中山岐江公园（中国）

　　中山岐江公园是国内将工业用地改造成城市开放空间的经典案例之一。中山岐江公园原为粤中造船厂，是地方性中小规模的造船厂，地处南亚热带。粤中造船厂始建于1953年，于1999年破产，并于2001年改造为综合性城市开放空间，供市民开展休闲、游憩活动。改造过程中利用厂区遗存，如烟囱、龙门吊等，同时穿插现代景观环境小品，运用景观设计学的处理手法，展现了产业美学特征。设计保留了场地原有的榕树，在驳岸处理、植物栽植等方面也体现出自然、生态的原则，如图10-18所示。

图10-18　中山岐江公园景观设计

思考与练习

1. 思考城市历史文化景观中的历史审美，信息表达及各类保护范畴的内容。
2. 考察或针对某个实际案例、分析其设计要素及设计手法。
3. 选择某个历史文化景观改造项目，进行设计创作。

课题十一　城市综合环境景观

 学习要求与目标

了解城市景观的地域文化特征，掌握城市中景观识别系统的重要作用，公共艺术与城市景观的关系，以及各种表现形态，塑造具有地域特色、审美特色的城市景观。

 学习要点与难点

城市综合环境景观的营造与地域特征、公共艺术密切相关。特别是作为现代城市社会文化的一个重要组成部分，公共艺术为现代生活环境增添了生命力和魅力。把握城市文化特征，创造多种表现形态的公共艺术，营造出特色景观是关键。

11.1　城市景观的特色设计

11.1.1　营造具有地域文化特征的城市景观

1. 地域文化的概念

地域文化是人类在特定的地域范围内，在自然环境的基础上、在长期的生产生活中创造的，是人类活动的产物。地域文化体现了人类对自然的利用和改造状况，是一定地域内各种自然因素和人文因素综合作用的结果。

城市的风貌是地域文化的集中体现，传统地区的景观地域性、历史延续性的形成，将带动整个地区社会环境质量的稳定、持续。通常采用对现存古迹进行重点保护，对历史上典型的城市街道景观予以复兴的手法，为老城区增添了历史的人文色彩。

2. 城市景观的特色营造

地域文化对城市的影响非常广泛。传统地区的城市景观不仅包括有历史价值的建筑、传统的街区、广场，也包括旧街区的巷道、空间尺度、城市肌理和城市轮廓线，更与社会文化的深层结构相关联。每个城市的独特风貌都有着极为深刻的社会文化内涵。

一个具有特色的城市景观是通过地域的自然、人文等景观要素的整合来展现城市整体形象的。城市的一些特定要素，如山林、水体、地貌、植被等生态景观，不仅造就了地域性的景观，也带来了巨大的生态效应。

对于历史城市中建筑形态的控制，是使城市景观具有地域特色的重要保证。建筑的体型、构件、材料和色彩决定了城市建筑形态，当地的历史、地理、经济、传统、科技及文化生活都是地域建筑的源泉。在城市规划设计中，除了对传统建筑进行保护和修整外，更重要的是对历史城市中新建、改建建筑的形态进行控制与引导，以取得城市整体风貌的协调。

图11-1所示为岭南城市景观中的街巷空间。连接紧密的建筑和带有地域风格的骑楼，以及在统一中变化丰富的建筑立面装饰，使得巷道的连续性很强。户与户紧密连接的巷道格局可以形成空间层次丰富的公共庭院，檐廊或骑楼往往是内部空间的延伸，是内与外的过渡空间，这种空间格局多与南方的多雨有关。

图11-2表达出苏州典型的城市景观特征。苏州旧城中，街巷与河道平行，或是直接以河道作为交通枢纽，民居沿驳岸而建。每隔一段距离，设有一条窄窄的带状埠头，垂直于河道，巷道空间由于这些松紧有序的口子而显得紧凑、深邃。

图11-1 岭南街巷空间中的骑楼建筑

图11-2 苏州旧城街巷水埠头

11.1.2 城市景观识别系统

1. 城市肌理组织

在城市景观空间特色中，城市肌理组织是一个显著的特征。作为景观空间系统的要素之一，城市中的建筑在形成城市肌理组织方面起着主要作用，处理好建筑的尺度关系是形成统一而有变化的城市肌理组织结构的重要手段。

城市的肌理组织存在着以下几种类型。

（1）传统的城市肌理组织。中国传统的城市是在水平方向伸展的，以景观空间分层次的结构为特征，表现为对大地的依恋，以及与自然的共生。传统的中国城市中，纵横交错、密如蛛网的河流巷道与大量的城市住宅有机组合，形成细密而均质的城市肌理。皇城的宫殿、官衙带有一定的居住性特征，加上高墙大院封闭的空间特点，使得城市景观空间具有一定的统一协调感，但难以形成丰富的空间层次，往往给人单调平淡的感觉，如图11-3所示。

图11-3 传统的城市肌理——高墙大院封闭（平遥）

（2）当代城市肌理组织。当代城市肌理组织的发展趋势主要表现在区域性肌理组织的同质化和城市整体肌理组织的多样性。一个具有一定历史的城市，必定存在着各历史时期的肌理组织，既有历史街区或传统风貌区，又有开发区、高新技术区、产业园区，以及商业区、居住区、办公区等功能分区。

2. 城市景观视觉识别系统的设计步骤

一般人很少从城市形态、城市发展的角度来认识城市。一个城市给人留下深刻印象的往往是城市中的景观。

城市景观视觉识别系统（City landscape Visual Identity System）是指城市的外观形象，这一形象在城市中因为显著的造型、外观、体量、面积、色彩、结构等，呈现为城市的外在因素。它是城市形象识别系统中的重要组成部分，最具有可读性、可识别性，是公众最易接受的层面，其主要要素有景观标志、识别字和识别色系，如图11-4、图11-5所示。

图11-4　杭州城标

图11-5　城标的运用

城市景观视觉识别系统的设计步骤包括：

（1）提炼城市定位。从城市中所包含的自然、人文、经济等错综复杂的要素中，提炼出符合城市地域性、文化性和发展要求的城市形象定位。

（2）设计标志识别图案。根据确定的城市形象定位及其所包含的主要概念进行图形化设计。

（3）确定城市景观的识别色系。可以根据城市的环境、文化确定识别色系，以量化标准配合色彩设计。

（4）标志识别图案、色系的应用。图案广泛运用于标志性建筑物、景观绿化、市政设施等规划建设的各环节，要求色系统一，图案特征明显。

3. 城市旅游视觉观赏系统

对于城市地脉、史脉、文脉进行分析，突出城市旅游形象。应当分析城市的自然环境、历史沿革、社会文化，因地制宜地展示城市或某一城市历史片段的特色，使城市成为多元文化活动和文化形态的物质载体。在设计中应体现出对地方性的尊重，把文化产业空间作为城市景观的重要景观节点加以考虑，不仅注重形象创作，也要注重文化内涵。

创造美好的视觉感受，应注意城市对旅游者产生第一印象和深刻印象的区域，如机场、火车站、码头等城市的大门，这些场所应树立良好的景观形象，如图11-6、图11-7所示。

图11-6　慕尼黑机场景观　　　　　　　　　　　　　图11-7　摩纳哥港口

11.2　城市景观中的公共艺术

11.2.1　城市公共艺术概述

1. 公共艺术的概念

公共艺术是指集群环境中的艺术综合体，也可以说是园林、壁画、雕塑、建筑、灯光、喷泉、音响等综合设计的组合艺术。它是城市环境设计中画龙点睛的重要组成部分。除去美化功能，它又是特定纪念性、主题性的大型艺术最为适合的表现形式。在创造新空间及城市复兴的过程中，其独特的品质弥漫、渗透到整个发展过程中，旨在创造一个具有视觉冲击力的环境视觉艺术，从而赋予空间灵魂与生命力。

2. 公共艺术的历史发展

公共艺术是城市景观的有机组成部分，整个城市的发展史就是一部公共艺术的发展史。古代的洞穴绘画和英国的史前巨石阵可能是最早的公共艺术，如图11-8所示。而第一次真正意义上的城市公共艺术的出现是18世纪法国巴黎香榭丽舍大街的改造，当时的路灯、报亭和座椅等采用了与周边建筑环境相同的新古典主义风格。20世纪构成主义的复兴和发展，抽象化与符号化的特质使得这种形式在城市环境和公共艺术的发展中占据主导地位。当下的公共艺术是建立在现代科技、现代观念、现代生活方式的基础上，融入了各门学科的综合整体艺术。社会文化的表达一直是公共艺术的主要内涵，全球性的自然生态危机使得生态主张成为公共艺术的方向。

图11-8　史前巨石阵（索尔兹伯里）

11.2.2　公共艺术的类型与特征

1. 公共艺术的类型

无论公共艺术以什么样的展现形态出现，它必须是一种可以让人感知和认知的形式，要求观赏者所有的感官同时收放、参与和感应。根据空间环境与作品之间的互动关系，公共艺术可以划分为三大类。

（1）点缀环境的公共艺术。考虑尺度、色彩、质感、体量等视觉因素与实地环境的呼应。

（2）体现实地文化特性的公共艺术。根据当地的生活习惯、文脉联系和历史特性等来塑造作品，以和谐的方式与实地的文化背景相对应。

（3）依靠环境而存在的公共艺术。它突显出作品与环境的依存、融合关系，通过实地的观察和考量，以材质、造型的默契呼应，以比例、尺度和节奏的恰当把握，使作品处于环境的氛围中。

2. 公共艺术的特征

随着社会进步，作为在建筑环境空间中起着重要作用的公共艺术，在装饰性、纪念性的基础上，跨上了一个新的台阶。现在的公共艺术以多样的造型和审美观念，结合现代高科技、新材料、新技术，与环境优化意识紧密结合，为现代生活环境增添了生命力和魅力。它的特征主要体现在以下十个方面。

（1）参与性。公共艺术是开放的、民主性的，参与方式是多种多样的，并能公正地对待每个参与者的意见。

（2）互动性。通过艺术家与艺术、公众之间的良性交流、沟通，实现作品的公共性。

（3）过程性。注重作品的过程，而不仅仅是它的结果，在时间变化的过程中不断呈现新的意义。

（4）问题性。优秀的作品通过表达自己的价值立场，发现社会问题，体现社会公正和道义，具有社会价值。

（5）观念性。公共艺术不再是形式上的艺术，而是作为一种思想上的体现，通过公众的参与，最终影响公众的观念。

（6）多样性。就场所而言，公共艺术的展示空间是很广泛的；就艺术形态而言，它又是多元的。

（7）地域性。创作的元素和表现的风格、材料等，都应该体现出一定的地域文化。

（8）强制性。人们无法因为个人的喜好而回避公共艺术。因为公共艺术带有强制性的影响力，所以要求创作者考虑大多数人的审美要求。

（9）通俗性。公共艺术作品应满足公共性下的通俗化倾向，强调亲和力，但是也要提升文化层次，反对一味地迎合民众的做法。

（10）综合性。公共艺术的创作要综合考虑功能、人文、环境、材料、心理情感等诸多方面的要素，涉及社会学科与自然学科等诸多学科的综合。

11.2.3 公共艺术的表现形态

公共艺术的表现形态是千变万化的，规模也大小不一。它可以是一副疾苦事件始末的壁画，或是一组兼具地方特质和娱乐的雕塑物，或是一栋具有历史情感的建筑，或者是街道中各种装饰元素的设计。无论公共艺术以什么面貌出现，它必须是一种可被感知和认知的形式，可以引导接受者或观赏者去领会创造者的理念。公共艺术的形态是多样的，根据其在城市景观中的面貌，大致分为以下几种形式，如图11-9～图11-16所示。

1. 公共设施

现代城市公共艺术的产品最终表现为公共设施。公共设施除了使用功能，还具有装饰性和意向性，其创意和视觉意向直接影响着公共艺术的表达，如路灯、座椅、垃圾筒、电话亭等。

2. 城市色彩

城市色彩是对构成城市公共空间景观色彩环境的一切色彩元素的总称，包括建筑物色彩、广告招牌色彩、标识色彩、街头小品色彩、道路铺装色彩等。

3. 城市雕塑

作为城市景观中主要的标志物和公共艺术的重要表现形态，城市雕塑往往被赋予深刻的文化内涵，能引起人们的共鸣。城市雕塑在表现形式上可以分为具象和抽象两种，其质地和材质需要体现出地域特征和时代精神。

4. 城市照明

城市照明不能局限于路灯本身的技术层面，还应考虑审美需求。从城市景观的层面出发，在白天与周围空间协调，在夜晚创造良好的气氛。同时，还要挖掘城市的文脉，使照明成为构筑城市公共艺术的一个不可或缺的元素。

图11-9 巴塞罗那海滨大道景观

图11-10　广场中的公共艺术品用作保护野生动物的慈善资金（伦敦）

图11-11　公共空间中的景观墙（纽卡斯尔）

图11-12　艺术装置（伦敦southbank）

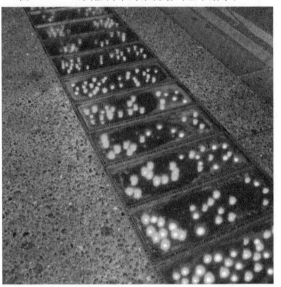

图11-13　地面灯饰（伦敦）

图11-14　有机形座椅装饰平台（哥本哈根）

图11-16　街头涂鸦艺术（伦敦southbank）

图11-15　滨水台阶小品（奥尔胡斯）

知识链接 大地景观艺术

作为后现代艺术分支的大地艺术，是西方现代艺术发展过程中非常有影响力的艺术流派，影响了当时的景观设计，使景观设计呈现出多样的姿态。

从20世纪60年代开始，人们对自然的态度发生了转折性的变化，自然环境成了与人类文化信息相关的场所，而艺术家在这种观念的转变中受到了潜移默化的影响。20世纪以来，西方绘画已经到了支配地位的尽头。雕塑从绘画的阴影下浮现出来，在这种倾向的引导下，相近艺术种类之间一直具有的约束力的界限被跨越了：绘画与雕塑、雕塑与建筑、雕塑与景观、景观与建筑之间的界线一再模糊。大地艺术自产生之日起，就是雕塑和景观的混合体。一些美国、英国的艺术家因为不满于架上绘画和传统雕塑的创作，开始积极地参与到自然中去。艺术家的作品与自然景观互相交融，使大地成为艺术的一部分。很多大地艺术家选择大型的场地进行创作，或是直接运用自然材料进行艺术表达，自然因素成为艺术创作的主要材料：以时间维度的"瞬间性"为主题；抽象的设计语言，创作手法上运用简洁的几何元素，如点、直线、圆、四角锥等最为简洁的形式来表达某种象征的含义。许多当今的西方艺术家在设计公共景观，特别是城市中的景观时，多少都会受到大地艺术的影响，将艺术、景观和公用设施结合，使艺术品增加了供大众使用的价值。著名的景观设计师，如彼得·沃克、乔治·哈格雷夫等，都受到大地艺术的影响。大地艺术的作品与基地产生了密不可分的联系，艺术从平面走向"空间"与"场所"，如图11-17、图11-18所示。它在公园的形式、工业景观的美学文化价值等方面，对景观设计都产生了广泛影响。20世纪90年代以后，尝试用景观设计的手法来处理工业景观的设计作品更是大量涌现。

大地艺术体现了一种思维方式，对景观设计产生了较大的影响，大量的景观设计师和雕塑师从中获取灵感，营造与日常生活密不可分的都市环境。

图11-17 詹克斯与克斯维科的私家花园　　　　图11-18 克里斯托大地艺术作品——流动的篱笆

知识链接 西雅图煤气厂公园（美国）

西雅图煤气厂占地面积为8hm²，始建于1906年。1970年，景观设计师哈克受委托，在其旧址上建设新的公园。设计尊重基地现状，旨在恢复记忆。工业设备经过筛选，变成巨大的雕塑和考古遗迹，一些机器被刷上红、黄、蓝、紫等颜色，这些工业设施和厂房被改造成餐饮、休息、儿童游戏等公园设施，在多方面以生态主义原则为指导，在环境上起到积极的作用。美国西雅图煤气厂公园并不是一个凝固的景观，它的功能是为未来的多种可能性提供了一个框架，让人们以自己的方式使用公园，如图11-19、图11-20所示。

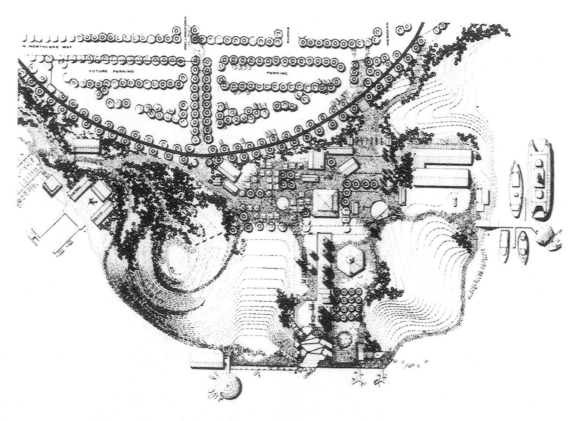

图11-19 西雅图煤气厂公园平面图

图11-20 西雅图煤气厂公园景观设计

知识链接 洛林区的彩色城市（法国）

    20世纪60年代，洛林的工业逐渐衰败，工人的住宅多为建于两次世界大战之间的联排住宅，即使城市里最现代的建筑，看起来也像是废墟。贝尔纳·拉素斯由住房部门任命，为建筑立面重新上色，以鼓舞居民的士气。

    对于小联排住宅，他在立面上利用色彩对比，使得所有的房子看起来都不一样。对于新建的现代建筑，他将立面变成一幅抽象画，并引入可识别的图像，使人产生归属感。为了能让住区像法国传统小镇那样温馨，贝尔纳·拉素斯在马路边上的小公寓沿街底层外围画上小商店，里侧画上树木和花园，甚至让草坪影像延伸到建筑下面几层的立面上。他没有改变建筑的任何外形，只是引入了几个层次的异质性——建筑外观和建筑功能、建筑外观和植被环境、不同立面的外观，如图11-21所示。

图11-21　洛林区的彩色城市景观设计

思考与练习

1. 思考在城市综合环境景观中，城市景观识别系统的重要特征，以及各种公共艺术的表现形式。
2. 考察或针对某个实际案例，分析其设计表现手法。

附录 优秀教学案例

附录中选取了广场、居住、滨水、公园、步行街及历史街区等专题的课程教学案例,并加以评析,针对性和可操作性比较强。

案例一 古韵琴风——五华琴江广场景观规划与设计

五华琴江广场景观规划与设计
Wuhua Qinjiang Square Landscape Planning And Design

古韵琴风

QINJIANGGUANGCHANG 琴江广场

设计概念

时空转变
动静转变　空间转变
— 地域特色
— 人行系统
— 景观环境

广场景观空间的转换与解析

1．景观环境中，三角形旱喷广场与主题广场通过隧道使空间相互交融，既满足其功能要求，又具有时代特色。

2．运用动态与静态的设计，实现新旧时空的转变，实现历史文化与现代文化的融合。

3．集散空间与休闲运动健身空间的转变，广场主入口处以集散为主，通过引导将人群疏散至两边的各景点及更为宽阔的滨江带。

4．实现广场与城市风格的转换。广场景观观光塔体现了李慧堂故居——客家围龙屋的特色。改善了驳岸的设计，经过设计的滨江带为广场提供更多的平台，也为对岸的人群增添了景观视线，将吸引更多的人流。

区位分析图

交通流线图

功能分区图

节点分析图

设计构思：

作为城市广场的琴江广场位于滨江一带。所以设计将场所定位为广场与滨江公园二者之间，既偏向与滨江公园的设计，又不失去场地本身的广场特性。运用动态与静态的设计，实现新旧时空的转变，使历史文化与现代文化相互融合，也将广场与滨江公园二者的性质有效地联系在一起，让人体验两种空间所带来的不同感受。

琴江广场总平面图

图例：
0 10 20 40 80m

01—滑板区
02—休闲健身广场1
03—休闲健身广场2
04—"山麓"景观小品
05—梯田式绿化带
06—乒乓球台
07—健身运动区入口台阶
08—健身运动区干道小品
09—篮球场
10—羽毛球场

11—特色跌水景观
12—儿童游乐场
13—健身器材
14—特色球形休息区
15—地上停车场
16—特色景墙
17—"足球门"小品
18—滨江带特色树池
19—城市文化下沉式舞台
20—特色花瓣观篱

21—疏林石凳
22—韵动曲径
23—次入口
24—音乐喷泉
25—树阵
26—滨江带
27—景观观光塔
28—广场洗手间
29—琴江随想曲
30—亲水娱乐广场

31—主题雕塑景观
32—主题雕塑广场
33—驳岸台阶
34—特色入口景观
35—景墙阵
36—韵律柱
37—跌水景观
38—孤芳亭
39—休闲土丘广场
40—休闲"蜂巢"广场

41—休闲下棋广场
42—放射状树阵
43—旱喷广场
44—隧道门
45—跌水观赏区
46—土丘景观

观光塔设计

观光塔为游人提供更为丰富的娱乐和休息空间，使广场功能趋于多样，更加宜人。作为广场的制高点，观光塔形成开放、大气、统一的中心空间，丰富了广场的功能和活动，使广场在整体上形成一个统一而丰富的视觉中心。

功能： 该塔不仅起到空间构图和建筑形象上的强烈对比作用，本身也是城市的标志之一，并且可以给广场对岸的人群来带强烈的视觉冲击，同时兼有观光、广场照明、通细广播、播放音乐的功能。

主入口设计

主入口侧立面图

主入口正立面图

主入口透视图

构思： 通过五华建筑屋檐、李慧堂故居、半圆式围龙屋等大屋顶形式的应用、建筑群体轴线及空间系列的组织，展现了建筑及群体的形象和地位。

东南立面图
西北立面图
东北立面图
西南立面图

分析篇 02

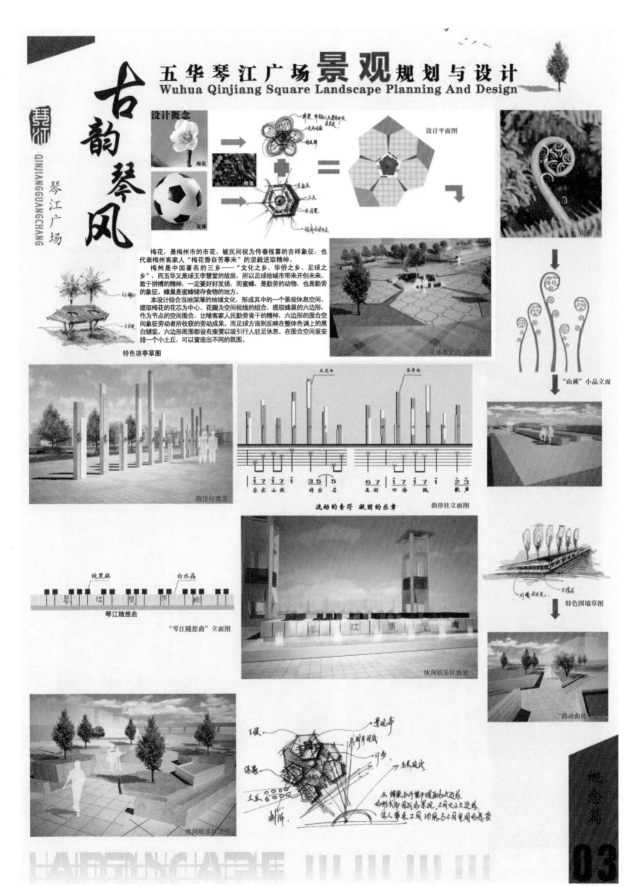

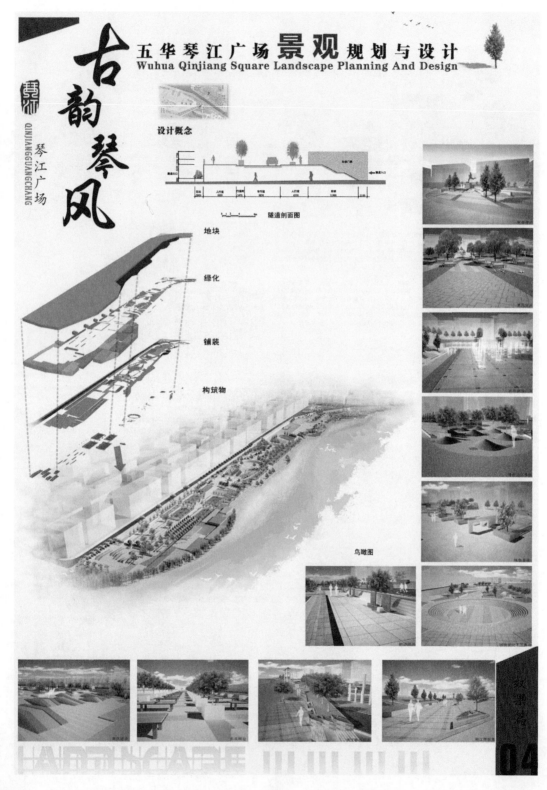

评语：

　　方案以"古韵琴风"作为设计主题，以现代景观设计语言表达出一个体现古老悠远、独具特色的当地文化广场。设计定位将广场与滨江公园结合，给人以两种不同的空间体验，并实现了景观环境、新旧时空、广场与城市风格之间的转换。该设计思路清晰，充分尊重场地现状，主题贴切，功能布局合理，空间结构组织特点突出，景观尺度感强，规划设计内容丰富，能够突出地域性特征，图面富有一定的艺术感染力。

案例二　玩转——舟山东港新城湿地公园广场设计

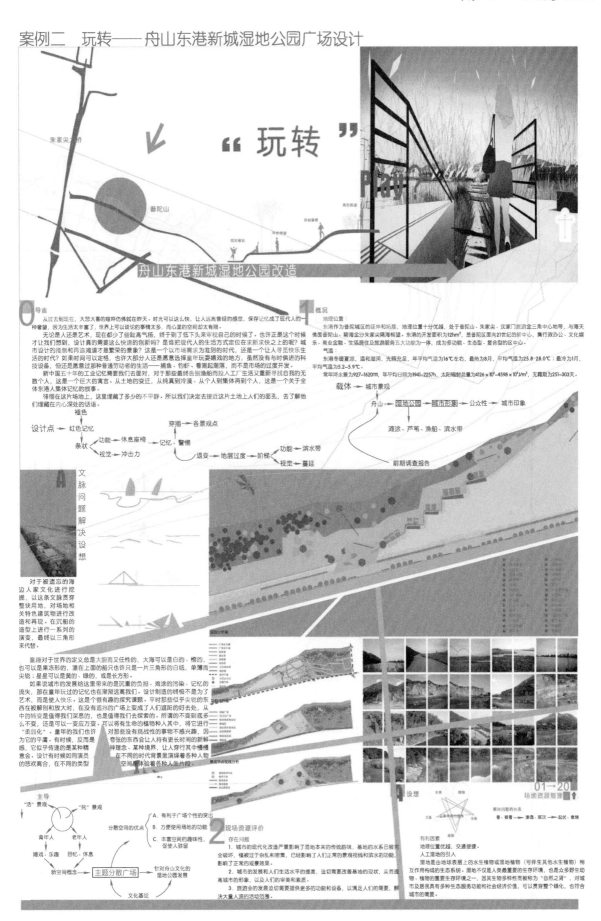

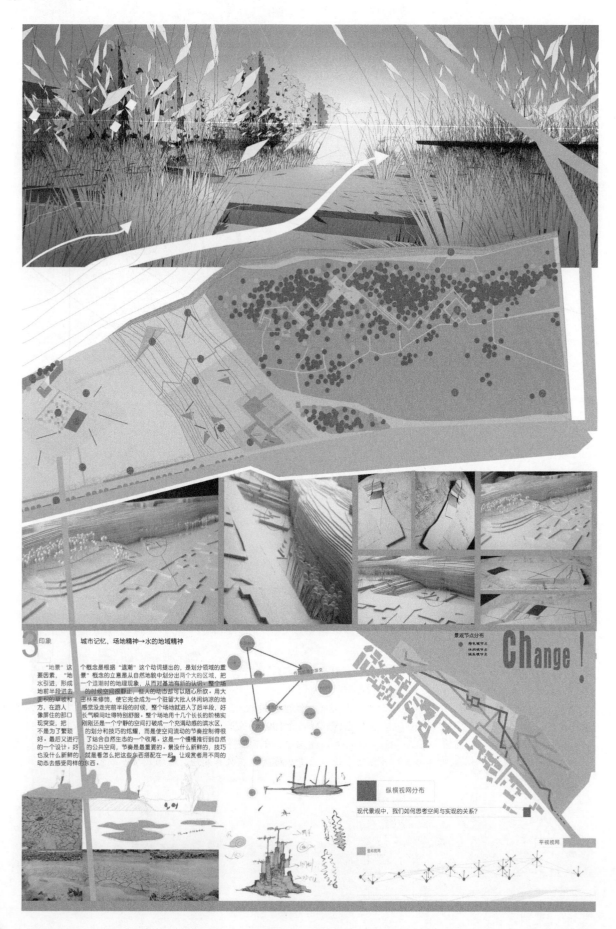

3 印象　城市记忆，场地精神→水的地域精神

"地景" 这个概念是根据 "退潮" 这个动词提出的，是划分领域的重要因素，"地景" 概念的立意是从自然地貌中划分出两个大的区域，把水引进去，形成一个退潮时的地理现象，从而对基地有新的认识。整个场地前半段进去的时候空间很鲜明，但人的动态却可以随心所欲。用大面积的草坡和志林来修饰，使它完全成为一个驻留大批休闲纳凉的地方，在游人感觉没走完前半段的时候，整个场地就进入了后半段，好像屏住的胡口现实突变，把长气瞬间吐得特别舒服。整个场地用十几个长的阶梯实不是为了繁琐刚刚还是一个宁静的空间打破成一个充满动感的滨水区，好，最后又进行划分和技巧的炫耀，而是使空间流动的节奏控制得很的一个设计，好了站合自然生态的一个收尾。这是一个模糊推衍到自然也没什么新鲜的公共空间。节奏是最重要的，景没什么新鲜的，技巧动态去感受同样的就是看怎么把这些东西搭配在一起，让观赏者用不同的东西。

景观节点分布
　静态观景点
　休闲观景点
　城乐观景点

Change !

纵横视网分布

现代景观中，我们如何思考空间与实现的关系？

景向视网

平视视网

整体性和多样性
　　场地大而凌乱，比较适合进行严谨而不失趣味的整体规划及定位设计。之后，加入各独特的精彩部分，从而鼓励我们进行多种方向的思考及设计。开放并发掘自我，充分发挥积极创造能力，使得我们的设计作品与场地能很好地结合，并能表现出丰富多彩的情景。
保护与再生
　　对于场地和场地周围，我们将进行系统地分类处理，对一些拥有高度历史价值的文化及滩涂采取各种有效的保护措施，并在此基础上开发出更多的集人流活动的空间，结合独特的思路进行创造，将新未来主义结合进去，使场地得到重生且具有强劲的生命力。
强调多重体验
　　在设计与创作过程中，尝试挑战各种设计手法，并将注意力分别集中在不同活动者的感受上，包括生理及心理上的不同探索，带给设计者和欣赏者各种不同的感受，以使设计成果的体验多样性，并研究设计的丰富性。
理性与非逻辑的表现
　　理性是我们理解和认识万物的基础。在场地设计之中，理性的表现更不可少。然而，在这至关重要的理性基础上，感性与非逻辑性的表现将是我们挖掘与探索的重点目标之一，我们以各类不同的思路为出发点，来丰富我们的广场设计，将感性与理性形成重点的趣味对比。
视觉冒险
　　本着以塑造各种非凡的视觉感受的中心理念，将整个场地由整体转到局部，包括整个行进路径上视觉所受到的艺术挑战，让人在目不暇接而又心旷神怡的同时，肌体会由视觉冲击力带来的精神，

水景分析
　　这里以水景贯穿整个场地，一开始是在越水区设置了一个水源泉，它的设计灵感来自《西游记》里的师徒过坝的情景，其中水景以灵动的调皮形象出现。接下去的滨水带，考虑到它的大众性，所以运用一种缓地的阶梯形式进行设计，以一种温和、平静的形式出现，最好是设置一个入工湖，既起到观赏性的作用又起到与自然的衔接作用。

越水区　　滨水区

人工湖

场地植物群落的形成

绿化种植的功能
1. 提供丰富多样的栖息地。
2. 调节局部小气候。
3. 减缓旱涝灾害。
4. 净化环境。
5. 满足感知需要并成为精神文化的源泉。
6. 教育场所。
7. 生产功能。

评语：
　　方案立足于地域文化，融合新未来主义，使场地得以重生并具有强劲的生命力。设计以水景贯穿整个场地，强调严谨而不失趣味的定位，以塑造各种视觉感受作为中心，将人的各种体验贯穿为行进路径，营造出丰富多样的空间情景。该方案在设计过程中尝试挑战各种设计手法，能注重设计者与欣赏者的多重心理体验，特别是敢于挖掘和探索非逻辑性、非常理性的表现十分难得。

案例三　打开记忆的盒子——杭州吴山路历史街区改造方案

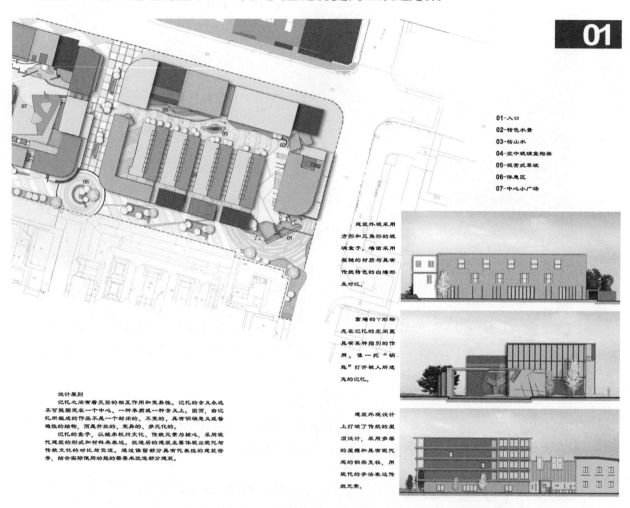

01

01-入口
02-特色水景
03-枯山水
04-空中玻璃盒栈桥
05-观赏式草坡
06-休息区
07-中心小广场

建筑外观采用方形和三角形的玻璃盒子。墙面采用框镶的材质与具有传统特色的白墙形生对比。

盒墙的Y形标志在记忆的空间里具有某种指引的作用，像一把"钥匙"打开被人所遗忘的记忆。

建筑外观设计上打破了传统的屋顶设计，采用多层的屋檐和具有现代感的钢架支柱，用现代的手法表达传统元素。

设计原则
记忆之间有着无穷的相互作用和变异性。记忆的含义永远不可能固定在一个中心、一种本质或一种含义上。因而，由记忆所组成的作品不是一个封闭的、不变的、具有明确意义或普遍性的结构，而是开放的、变异的、多元化的。
记忆的盒子，以继承杭州文化、传统元素为核心，采用现代建筑的形式和材料来表达。改造后的建筑主要体现出现代与传统文化的对比与交流。通过保留部分具有代表性的建筑符号，结合实际使用功能的需要来改造部分建筑。

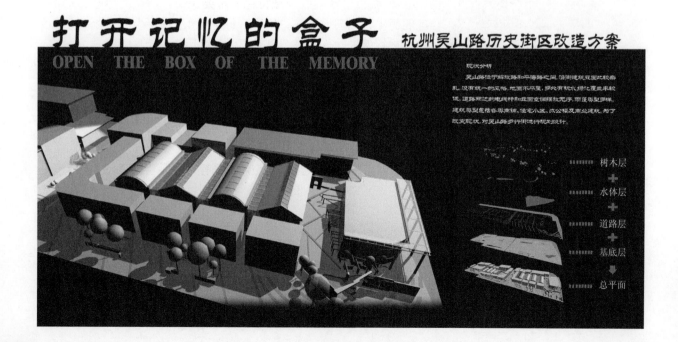

打开记忆的盒子 杭州吴山路历史街区改造方案
OPEN THE BOX OF THE MEMORY

现状分析
吴山路位于解放路和平海路之间，沿街建筑立面比较杂乱，没有统一的风格，地面不平整，到处有积水绿化覆盖率较低，道路两边的电线杆和立面变调预较无序，而且各种多样。建筑类型包括各类商铺、住宅小区、办公楼及商业建筑。为了改变现状，对吴山路步行街进行规划设计。

树木层
＋
水体层
＋
道路层
＋
基底层
↓
总平面

通往记忆的路

打开记忆的"盒子",用传统的装饰元素来体现对基地记忆的一种延续。同时也是通过几何形态的冲突、穿插、叠合、错位来表达记忆空间的矛盾、复杂以及多变。

在改造场地空间时,不仅通过步行道铺地的变化、抬高,还通过室外楼梯来丰富空间变化。窗户的设计采用了不同形式的组合,以获得不同的光影效果,使空间更加丰富。

在设计中不仅仅追求记忆的变迁,还注意环境生态效果,不仅有较高的绿化率,还考虑植物的生态效应。例如,设计了大量的草坡、网架树丛等。

廊架下看到的天空

雪中的记忆

打开记忆的盒子 杭州吴山路历史街区改造方案

OPEN THE BOX OF THE MEMORY

在设计中将传统元素融入空间概念里,如拱门,从遗留下来的老建筑中保存下来。
局部窗户的设计,沿用了老房子"老虎窗"中的元素。

水是万物之源,这颗蓝色的星球上就是因为有水,才如此地生机勃勃,流动的水承载着生命,同时也承载着历史文化。

通过水、玻璃、石材、灯光的运用,来体现不同的光影效果,使空间更加丰富。

03

下沉式小庭院

沿街休息区

西立面图

西立面图

北立面图

打开记忆的盒子
OPEN THE BOX OF THE MEMORY

杭州吴山路历史街区改造方案

廊架空间

评语：

　　方案以"盒子"作为设计元素，尊重场地现有的肌理，唤起人们的记忆。设计传承了杭州文化，在传统的元素上附以现代意义，通过几何形态的冲突、穿插、叠合、错位来表达记忆空间的矛盾复杂以及多变，体现出开放、变异、多元的空间特点。该方案设计手法简洁明快，能运用简约的设计体现出较深的文化内涵，在街道与内庭院的空间处理上具有一定的特色，并能时刻把握住设计主题和场地特征。

案例四 留住呼吸——广州市天河区天河南步行街设计方案

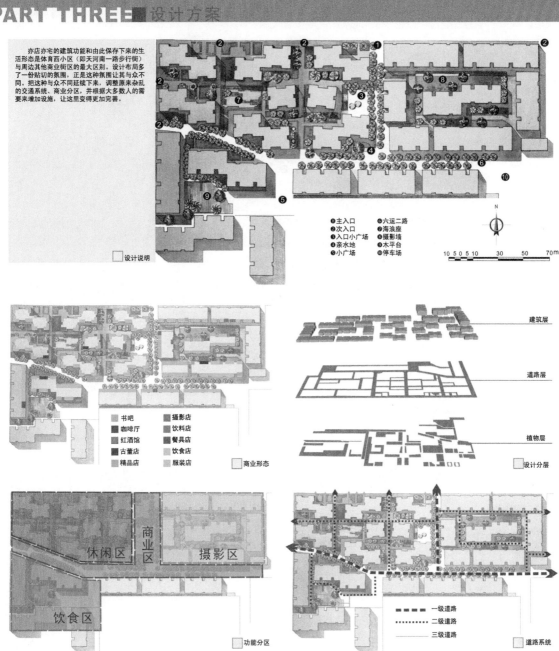

KEEP BREATHING
留住呼吸

TianHe South Walking Street Design, TianHe District, Guang Zhou
广州市天河区天河南步行街设计方案

PART THREE 设计方案

亦店亦宅的建筑功能和由此保存下来的生活形态是体育西小区（即天河南一路步行街）与周边其他商业街区的最大区别。设计布局多了一份贴切的氛围，正是这种氛围让其与众不同。把这种与众不同延续下来，调整原来杂乱的交通系统、商业分区，并根据大多数人的需要来增加设施，让这里变得更加完善。

□设计说明

❶主入口　❻六运二路
❷次入口　❼海浪座
❸入口小广场　❽摄影墙
❹亲水地　❾木平台
❺小广场　❿停车场

N

10 5 0 5 10　　30　　50　70m

■ 书吧　　■ 摄影店
■ 咖啡厅　■ 饮料店
■ 红酒馆　■ 餐具店
■ 古董店　■ 饮食店
■ 精品店　■ 服装店

□商业形态

建筑层

道路层

植物层

□设计分层

休闲区　商业区　摄影区

饮食区

□功能分区

━━ 一级道路
┅┅ 二级道路
── 三级道路

□道路系统

143

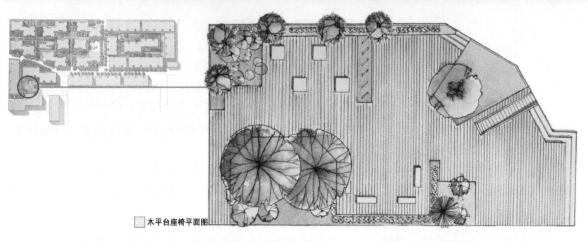

KEEP BREATHING
留住呼吸

TianHe South Walking Street Design, TianHe District, Guang Zhou
广州市天河区天河南步行街设计方案

PART SEVEN 节点设计

☐ 木平台座椅平面图

☐ 入口小广场效果图

KEEP BREATHING
留住呼吸

TianHe South Walking Street Design, TianHe District, Guang Zhou
广州市天河区天河南步行街设计方案

PART FOUR■节点设计

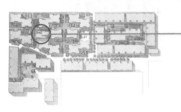

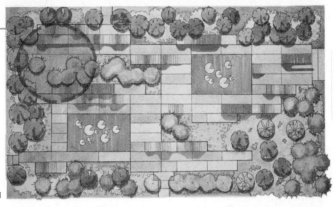

□海浪座椅平面图

□海浪座椅效果图

评语：

　　方案立足于原先该地区的生活形态，关注使用者的心理行为，营造出一种比较贴近生活和街道个性的情调。该设计对场地的分析具有一定的深度，功能分区合理，在空间序列的处理上注重疏密搭配，合理提炼可利用空间。节点空间的营造虽然朴素，但是生活情调浓厚，功能开放而多元共享，形式丰富而有韵律感，整个方案在设计表达和表现上具有一定的特色。

案例五　田——忆趣之旅儿童公园设计方案

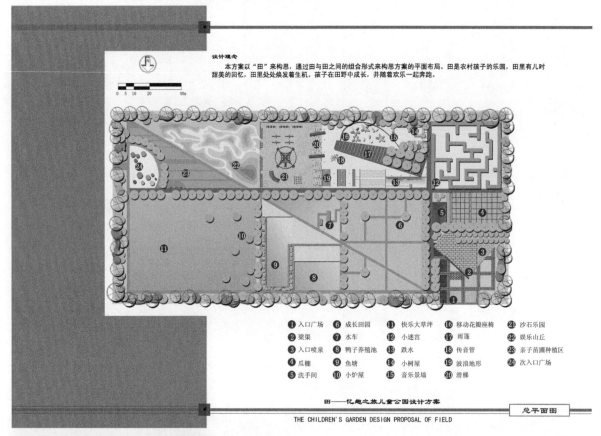

设计观念

本方案以"田"来构思，通过田与田之间的组合形式来构思方案的平面布局，田是农村孩子的乐园，田里有儿时甜美的回忆，田里处处焕发着生机。孩子在田野中成长，并随着欢乐一起奔跑。

❶ 入口广场	❻ 成长田园	⓫ 快乐大草坪	⓰ 移动花瓣座椅	㉑ 沙石乐园
❷ 渠渠	❼ 水车	⓬ 小迷宫	⓱ 雨篷	㉒ 娱乐山丘
❸ 入口喷泉	❽ 鸭子养殖池	⓭ 跌水	⓲ 传音管	㉓ 亲子苗圃种植区
❹ 瓜棚	❾ 鱼塘	⓮ 小树屋	⓳ 波浪地形	㉔ 次入口广场
❺ 洗手间	❿ 小炉屋	⓯ 音乐景墙	⓴ 滑梯	

田——忆趣之旅儿童公园设计方案

THE CHILDREN'S GARDEN DESIGN PROPOSAL OF FIELD

总平面图

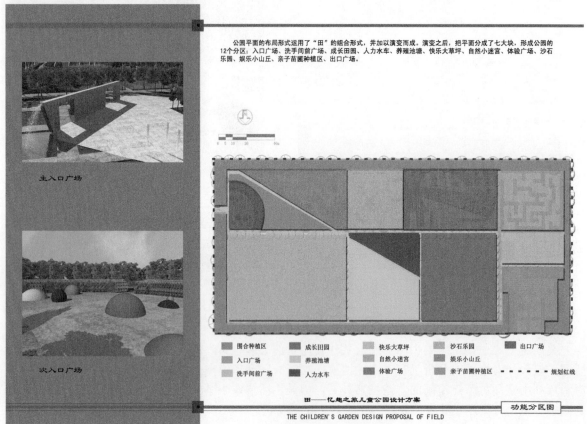

公园平面的布局形式运用了"田"的组合形式，并加以演变而成。演变之后，把平面分成了七大块，形成公园的12个分区：入口广场、洗手间前广场、成长田园、人力水车、养殖池塘、快乐大草坪、自然小迷宫、体验广场、沙石乐园、娱乐小山丘、亲子苗圃种植区、出口广场。

主入口广场

次入口广场

▨ 围合种植区	▨ 成长田园	▨ 快乐大草坪	▨ 沙石乐园	▨ 出口广场
▨ 入口广场	▨ 养殖池塘	▨ 自然小迷宫	▨ 娱乐小山丘	
▨ 洗手间前广场	▨ 人力水车	▨ 体验广场	▨ 亲子苗圃种植区	- - - - 规划红线

田——忆趣之旅儿童公园设计方案

THE CHILDREN'S GARDEN DESIGN PROPOSAL OF FIELD

功能分区图

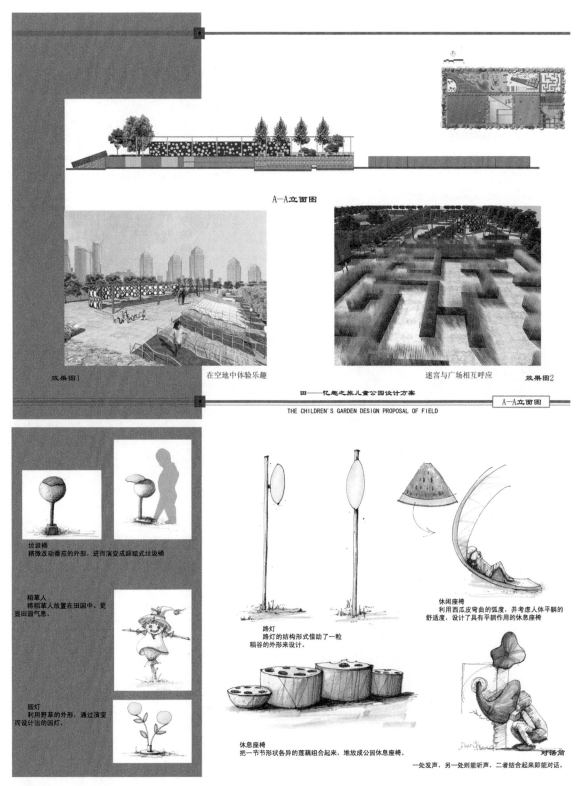

A—A立面图

效果图1

在空地中体验乐趣

迷宫与广场相互呼应

效果图2

田——忆起之旅儿童公园设计方案
THE CHILDREN'S GARDEN DESIGN PROPOSAL OF FIELD

A—A立面图

垃圾桶
精微改动番茄的外形，进而演变成踩踏式垃圾桶

稻草人
将稻草人放置在田园中，更显田园气息。

园灯
利用野草的外形，通过演变而设计出的园灯。

路灯
路灯的结构形式借助了一粒稻谷的外形来设计。

休息座椅
把一节节形状各异的莲藕组合起来，堆放成公园休息座椅。

休闲座椅
利用西瓜皮弯曲的弧度，并考虑人体平躺的舒适度，设计了具有平躺作用的休息座椅

对话筒
一处发声，另一处则能听声，二者结合起来即能对话。

评语：

　　方案以"田"为主题，再现农村田地，旨在为孩子创造一片自由活动的空间，展开记忆之旅。整个方案从构思到具体空间的节点设计，都能围绕给孩童创造一个充满乐趣的场所为目的，设计在一定程度上满足了儿童的活动和心理需求，是一个具有针对性的设计，思路清晰，空间尺度感适宜。但方案在空间构成和景观结构上稍显呆板，表现形式不够统一。

案例六 饮水·思源——长兴太湖公园滨水景观设计

引水·思原

长兴太湖公园景观规划设计

TAI HU PARK DESIGN

Tentative Design Specification

一、规划设计理念

创造自然生态与时尚现代感并存的公共休闲活动空间，形成一个具有地域特色的现代生态园区，达到再现生态农业湿地景观、科普教育的意义。

本方案着手于城市名片、休闲运动、现代人文、生态自然这四个基本层面，从长兴的地域性质、历史文化、功能和生态等方面考虑，以"引水·思原"作为设计主题。一个城市因山而名，因水而显灵。嘉水是人类的天性，"引水"寓意全新的、时尚的、积极向上的生活，绚丽多彩的现代城市空间；"思原"寓意我们在不断发展创新的同时，不要忘记地域本身固有的特色与历史文化，保持历史文脉的延续。由此产生了与其相对映的五大特色区域，使之成为太湖公园景观带的亮点，努力为当地市民打造一个集休闲娱乐、康体健身，现代且又极具人文气息的城市滨水开放空间。

二、设计原则

以人为本的设计原则，体现人性化功能。

遵循自然的原则，可持续发展，充分利用这里固有的地形地貌。

人为参与的原则，动植物、水系等都是有生命的，让人亲身参与对这些生命的呵护，与之共存，真正体现ség的标本。

挖掘文化的原则。对这里的生活方式、历史文化发展等内涵充分提炼，将本土文化发挥得淋漓尽致。

三、规划愿景与定位

通过对《长兴太湖公园》的解读和现状调查，我们将太湖景观与公园观相互融合，形成既满足现代人休闲娱乐、观赏健身、沟通交流及领略地方文化和艺术等功能的现代化公园，又能为当地提供美好、生态而自然的环境氛围的公园。结合太湖的开发、保护与治理，将公园打造为当地的一张名片，将生态环保、低干预、低成本的景观设计理念融入其中，形成具有示范意义的景点。追求自然、秩序、融合，本质、观点、认知、现状、规模、发展、渊源、理念、趋势，生活、艺术、设计。

四、机遇和挑战

1.机遇

处理好环境现状的保护和公园的改造开发之间的关系，以保留和补充性的改造为主，结合一些现代公园所必备的功能单元，使场地能在保留原有特征之外，具备更高的实用性和观赏性。

（1）打造具有现代时尚与艺术感的公园形象。

（2）改造和提升长兴渔民的民俗风情。

（3）为游人提供体会和参与临湖的全方位高品质服务。

（4）保护和延续渔民河上生产的渔民工作景观。

2.挑战

（1）突破自然地理限制、提高交通流量。

（2）合理地开发和保留现状中具备地方特色的景观元素，使其呈现鲜明的地方特色。

（3）营造出具有现代感、有别于传统园林式的公园。

（4）利用规划来解决渔民作业用湖与旅游用湖及管制网的冲突。

（5）分期提升滨湖地区品质，实现近期滞后及不完善的基础设施，以及配套服务设施的转型。

（6）增加滨湖可达性和开放岸线与生态环境保护的冲突。

（7）与业态的策划相结合，有效地带动公园周边的旅游消费，营造良好的休闲旅游氛围。

水——上善若水，水善利万物而不争。
生命之源，万物的主宰，
是可持续生活的命脉所在，
代表着历史文化的源远流长，
也代表时代的发展欣欣向荣、生生不息。
水赋予设计以灵魂，有了生命，设计就会永恒！

清风徐来，水波不惊。
当骑着单车穿越一片片幽静的森林，
目光游离于山水间，
展现在眼前的是一个舒展的自然世界，
一个宁静的、让人流连忘返、忘记时光的地方，
与繁忙、快节奏的现代商务时代相对应。

道路现状分析

建筑现状分析

Current Situation

区域位置：长兴太湖公园位于太湖沿湖大道南侧，用地面积为40hm²，现状为农田、河流与土生土长的具有本土特色的景观形态。公园与太湖相邻，资源丰富，地理条件得天独厚。

水系现状分析

建筑现状布局比较凌乱，垃圾随处丢弃，处理不当，内河河道淤积比较严重，杂草丛生，需要合理的整治。

保留并利用当地的现有植物芦苇、水杉等，遵循可持续发展的生态理念，营造自然生态的空间环境。

绿化现状分析

通往太湖大道的一些主干道，路宽4m左右，与大道的高差是3.6m，还有一些穿梭于田间的小路。

太湖流域属于亚热带季风气候区，冬季盛行偏北风，夏季盛行东南风。长兴位于西南岸，在太湖的阴面。由于地理位置原因，受常年气候风向及台风影响，无论是东北风还是东南风，入湖河道多为正面迎风。

冬季：偏北风
夏季：东南风

植被垂直分布现状分析

① 芳林漫步　⑫ 密林探幽　㉓ 澜湖会所　㉞ 渔船码头　㊺ 茶室　㊻ 水中走廊
② 展览运动休息区　⑬ 眺望平台　㉔ 水漫云影　㉟ 渔文化广场　㊼ 茶园翠波　㊽ 拳华秋实
③ 科普展馆　⑭ 阳光大草坪　㉕ 芦苇听雨　㊱ 停车场4　㊾ 横塘清湖　㊿ 橘林秋色
④ 探步思想　⑮ 虹桥卧波　㉖ 长虹飞渡　㊲ 文化墙堡　⑤ 土塘寻趣　⑥ 梅林
⑤ 滨林水畔　⑯ 游憩树库　㉗ 太湖天地　㊳ 停车场3　⑤ 丛中野趣　⑤ 趣味烧烤
⑥ 停车场1　⑰ 教演舞台　㉘ 停车场3　㊴ 休息亭　⑤ 大草坪　⑤ 水上竹筏体验区
⑦ 商业街景　⑱ 风情商业街　㉙ 荷花港湾　⑤ 水中野趣　⑤ 杨柳商业区
⑧ 停车场2　⑲ 亲水乐园　㉚ 休息亭　⑤ 漫步平台　⑤ 停车场5
⑨ 中老年活动区
⑩ 洪子乐园

2 TAI HU PARK DESIGN

五、总体构思

本案通过对当地文脉与现状的解读调研，在尊重现有地形地貌（农田、河流与土生土长的植物）的基础上，用水稻和当地农作物、乡土野生植物（如芦苇、水杉等）作为景观的基底，显现场地特色，将太湖灵动的水与公园紧密联系，以长兴历史文化的发展延伸为精神线索，把"引水·思原"作为设计主题。并将各区块的环境进行统一的规划设计，以达到充分整合环境资源、提升景观规划设计的目的，将其原生态物通过适当的改造、保护等措施，对环境的规划方案进行整合。最终的目的是让它成为城市的地标，吸引更多的人气，让更多的人了解这片土地。同时带动当地经济、旅游业的发展。

Comprehensive Analysis

在这些设计思想的指导下，结合整个设计方案，提炼出"一曲、三环、五区"的空间结构。

一曲：虹桥逶波婉蜒于园区，与太湖横贯园区的灵动之水相得益彰，贯穿于整个园区，联系着五大区域，生动地呈现出设计的特色与亮点。

三环：历史人文的演绎、现代时尚的延伸、自然生态的诠释，共同构成了长兴现代化、开放性的生态滨水公园。

点——斑块　线——路径　面——基底　融合成整体

斑块——点状的形式；路径——现状的形式；基底——点线面结合。

设计构思草图

在以"引水·思原"为主题的基础上，利用现有的场地空间，追求一种田野涂鸦的艺术形式美，用点、线、面的有机组合与对比，将道路、水系、场地空间赋予时代的灵魂，在田野中舞动、绽放，形成多层次、多变化的不同空间感受，呈现出一种视觉的盛宴，带给人们舒适的环境氛围，让人们充分放松，并体验闲暇。

功能区分析图

道路分析图

绿化分析图

景观节点分析图

景观视线分析图

景观建筑布局分析图

149

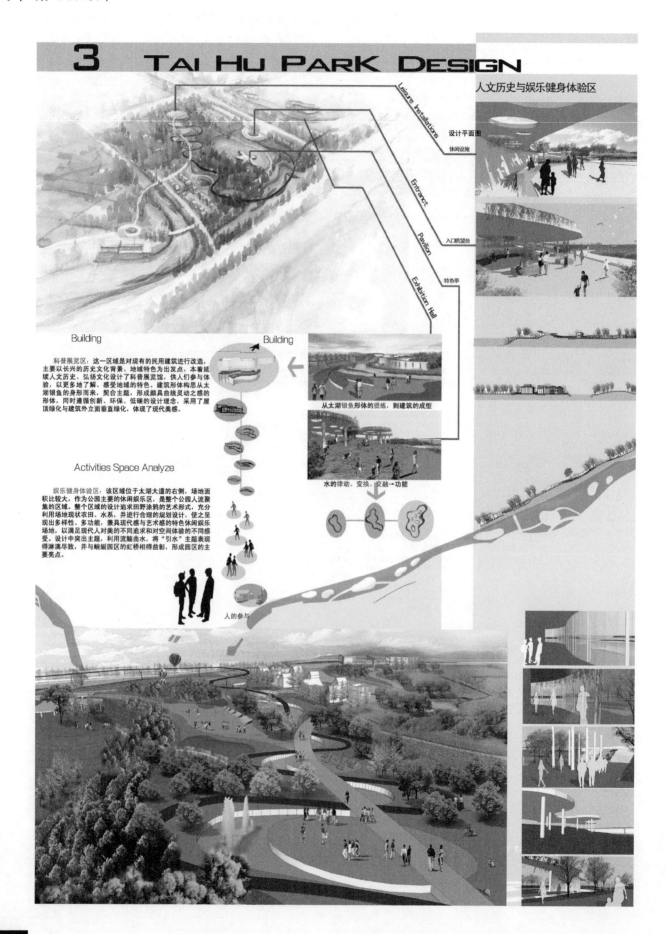

3 TAI HU PARK DESIGN

人文历史与娱乐健身体验区

设计平面图
休闲设施

Leisure Installations

入口眺望台

Entrance

特色亭

Pavilion

Exhibition Hall

Building   Building

科普展览区：这一区域是对现有的民用建筑进行改造，主要以长兴的历史文化背景、地域特色为出发点，本着延续人文历史、弘扬文化设计了科普展览馆，供人们参与体验，以更多地了解、感受地域的特色。建筑形体构思从太湖银鱼的身形而来，契合主题，形成颇具曲线灵动之感的形体，同时通循循创新、环保、低碳的设计理念，采用了屋顶绿化与建筑外立面垂直绿化，体现了现代美感。

从太湖银鱼形体的提炼，到建筑的成型

Activities Space Analyze

娱乐健身体验区：该区域位于太湖大道的右侧，场地面积比较大，作为公园主要的休闲娱乐区，是整个公园人流聚集的区域。整个区域的设计追求田野涂鸦的艺术形式，充分利用场地现状农田、水系，并进行合理的规划设计，使之呈现出多样性、多功能，兼具现代感与艺术感的特色休闲娱乐场地，以满足现代人对美的不同追求和对空间体验的不同感受。设计中突出主题，利用流畅曲水，将"引水"主题表现得淋漓尽致，并与蝴蝶园区的虹桥相得益彰，形成园区的主要亮点。

水的律动、变换、交融→功能

人的参与

4 Tai Hu Park Design

Leisure Repast

　　澜湖会所：沿内湖进入澜湖会所区，该会所一面临湖，入口在两条主入口的交汇区，门口有个简洁的水景，体现会所之气质与雅趣，会所建筑追寻简洁大方，与整体环境协调统一，以钢架玻璃为主材料，彰显它的现代感。会所面朝内湖水，有木平台和过道，可以直接通往对岸，会所周边以密林围绕，表达此处的幽静，有一定的私密性。

　　芦苇印象：给人们创造出怡人的幽静之处。沿会所前的主园路进入"芦苇印象区"，此节点根据实地水系和植被特征，保留和运用了大量的现有植物——芦苇，利用少量的人工痕迹，结合"引水·思源"主题，用简洁的拆线组合设计了休闲趣味的水上木栈道平台，与芦苇相应，每个季节，根据芦苇植物的变化，形成当地特有的风景线。在河岸边的草坡上有零星的、体现当地特色的简易小雕塑，与自然风光景观浑然天成，与自然和谐统一。

　　太湖天地：再沿芦苇印象主园路进入特色商业区"太湖天地"，此节点以商业性为主，建筑风格统一，分为特色小品展卖店、咖啡茶餐厅、特产店。沿内湖区域的建筑是咖啡茶餐厅，面朝内湖，露天茶座平台。在道路另一边的三组建筑入口处以开敞式的铺装为主，建筑后面密林包裹，高低错落之间隐约可见小路和休息亭。

culture square 5

长兴太湖公园——渔文化广场

该区域位于太湖大堤濒临外湖的一侧。我们对现有地形进行改造，用现代的表现方式设计了简洁、大气的渔船码头休闲娱乐区域，主要有折线形景观廊，起一定的遮阳作用，木平台亲水区域的设计让人们体验嬉水及水在脚下流动带来的乐趣。此处为人们提供了举办水上赛事、节日活动的空间，如一年一度的开渔节庆典、皮划艇比赛。

评语：

　　方案尊重原有地形地貌，追求一种田野涂鸦的艺术形式美，通过点、线、面的有机组合与对比，在场地中赋予时代的灵魂，给人以不同的空间感受。设计追求生态、文脉和创新，打造出一场乡野景观视觉盛宴。整个设计内容较为丰富，功能考虑全面，能够结合场地特征及太湖的基本特征对设计的风格及总体布局进行规划，尤其在人的活动方面能够充分考虑，以多样的景观形态激发人的参与性。对水景形态的利用也能做到和而不同，与设计的主题有较好的呼应。

案例七 凸显·调和——杭州重型机械厂景观改造

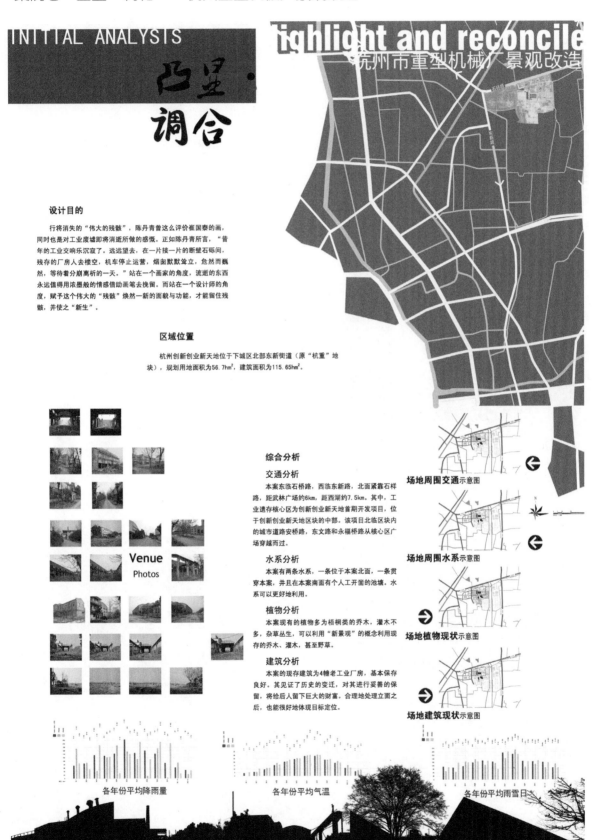

INITIAL ANALYSIS

凸显·调合

highlight and reconcile
杭州市重型机械厂景观改造

设计目的

行将消失的"伟大的残骸",陈丹青曾这么评价崔国泰的画,同时也是对工业废墟即将消逝所做的感慨。正如陈丹青所言,"昔年的工业交响乐沉寂了。远远望去,在一片接一片的断壁石砾间,残存的厂房人去楼空,机车停止运营,烟囱默默耸立,危然而飘然,等待着分崩离析的一天。"站在一个画家的角度,流逝的东西永远值得用浓墨般的情感借助画笔去挽留。而站在一个设计师的角度,赋予这个伟大的"残骸"焕然一新的面貌与功能,才能留住残骸,并使之"新生"。

区域位置

杭州创新创业新天地位于下城区北部东新街道(原"杭重"地块),规划用地面积为56.7hm²,建筑面积为115.65hm²。

Venue
Photos

综合分析

交通分析

本案东临石桥路,西临东新路,北面紧靠石样路,距武林广场约6km,距西湖约7.5km。其中,工业遗存核心区为创新创业新天地首期开发项目,位于创新创业新天地区块的中部。该项目北临区块内的城市道路安桥路,东文路和永福桥路从核心区广场穿越而过。

水系分析

本案有两条水系,一条位于本案北面,一条贯穿本案,并且在本案南面有个人工开凿的池塘。水系可以更好地利用。

植物分析

本案现有的植物多为梧桐类的乔木,灌木不多,杂草丛生,可以利用"新景观"的概念利用现存的乔木、灌木,甚至野草。

建筑分析

本案的现存建筑为4幢老工业厂房,基本保存良好。其见证了历史的变迁,对其进行妥善的保留,将给后人留下巨大的财富。合理地处理立面之后,也能很好地体现目标定位。

场地周围交通示意图

场地周围水系示意图

场地植物现状示意图

场地建筑现状示意图

各年份平均降雨量

各年份平均气温

各年份平均雨雪日

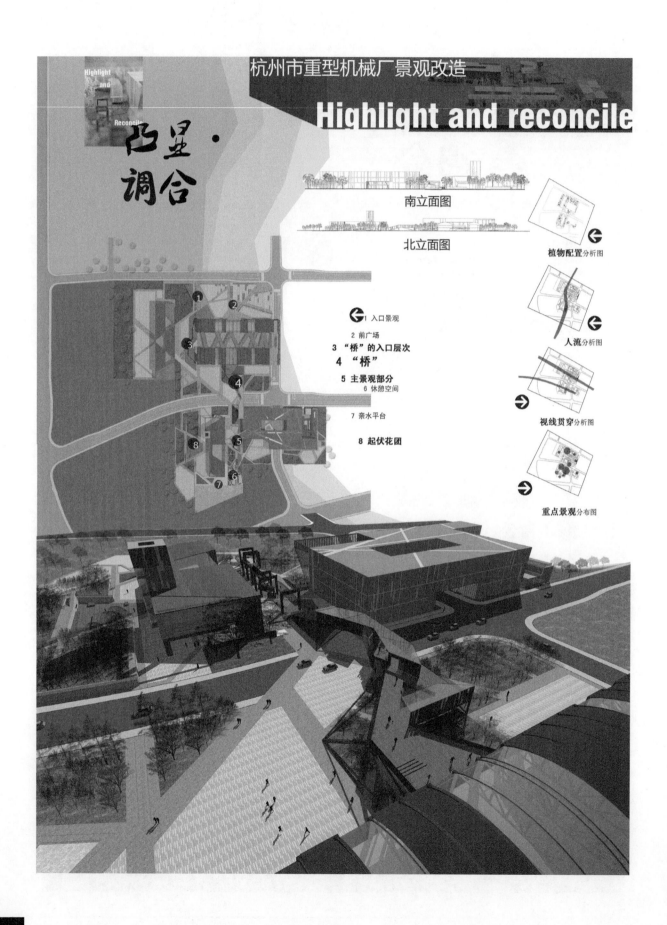

杭州市重型机械厂景观改造

Highlight and reconcile

凸显·调合

南立面图

北立面图

植物配置分析图

人流分析图

视线贯穿分析图

重点景观分布图

1 入口景观

2 前广场

3 "桥"的入口层次

4 "桥"

5 主景观部分

6 休憩空间

7 亲水平台

8 起伏花团

Landscape Design

围合式休闲空间

穿越式行走空间

关于景观
树林、桁架、亲水平台，是室外活动供给的很好来源。合理规划分布的绿化带在美化环境、分流人群的同时，带来了很好的围合感，在节假日也是儿童活动的主要场所。同时也能增加该区域的绿荫，也有助于缓解城市的热岛效应。

贯穿式景观观赏空间

→ 东段

流量分析

流量分析

东段 ←

视线分析

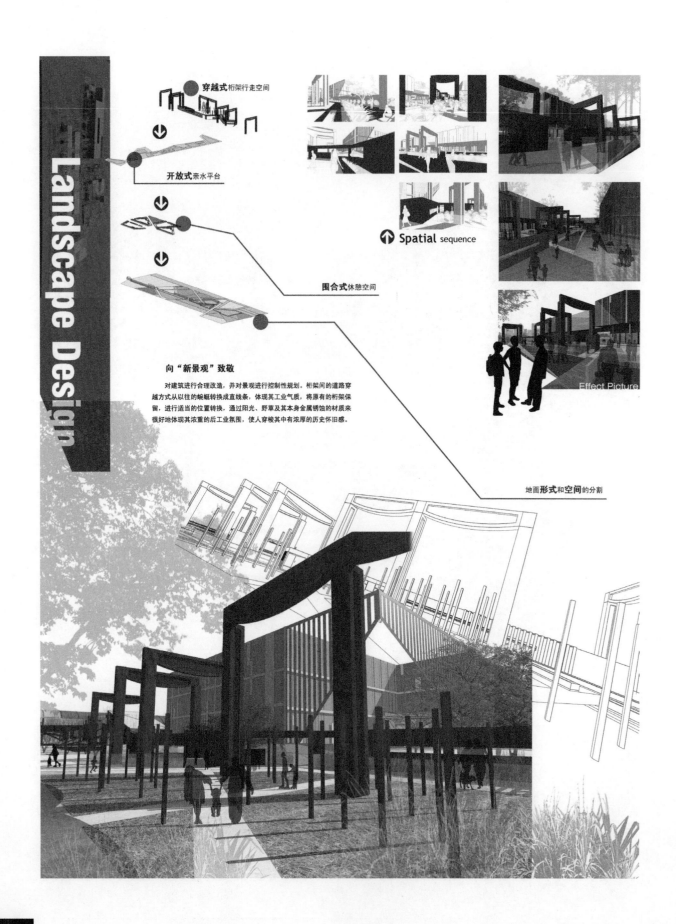

穿越式桁架行走空间

开放式亲水平台

Spatial sequence

围合式休憩空间

向"新景观"致敬

对建筑进行合理改造，并对景观进行控制性规划。桁架间的道路穿越方式从以往的蜿蜒转换成直线条，体现其工业气质，将原有的桁架保留，进行适当的位置转换，通过阳光、野草及其本身金属锈蚀的材质来很好地体现其浓重的后工业氛围，使人穿梭其中有浓厚的历史怀旧感。

Landscape Design

Effect Picture

地面**形式**和**空间**的分割

向"新景观"致敬

通过对景观的合理规划,有序地升高或降低绿化区域,增加绿色面积,以减轻城市的热岛效应为主要目的。

利用人工湿地和水生植物来净化水体,正作为一种净化技术日益受到关注,它可以创立丰富的生态和最小的环境输出,保护环境,具有运行费用低和令人满意的净化效率等特点。一个水生植物系统需要大量的区域、设计规格和维护方法,从而达到单位面积上最适宜的优化效应。

西段

南段

东段

Landscape Design

评语:

　　方案以"工"字钢的不同截面造型作为设计元素,强调浓重的后工业氛围。尊重原有场地,保留大型桁架,道路以直线形体现工业气质。通过阳光、野草及金属的锈蚀材质,使人产生穿梭于时空的怀旧情结。整个方案将建筑与场地和谐融汇,景观追求一种朴素的野趣之美,以简洁的手法凸显临场感,致力于保存城市的工业记忆,努力唤起人们的关注。同时,生态、低碳在建筑空间的运用也是该方案的一个亮点。

案例八　意趣——老人公寓景观改造设计

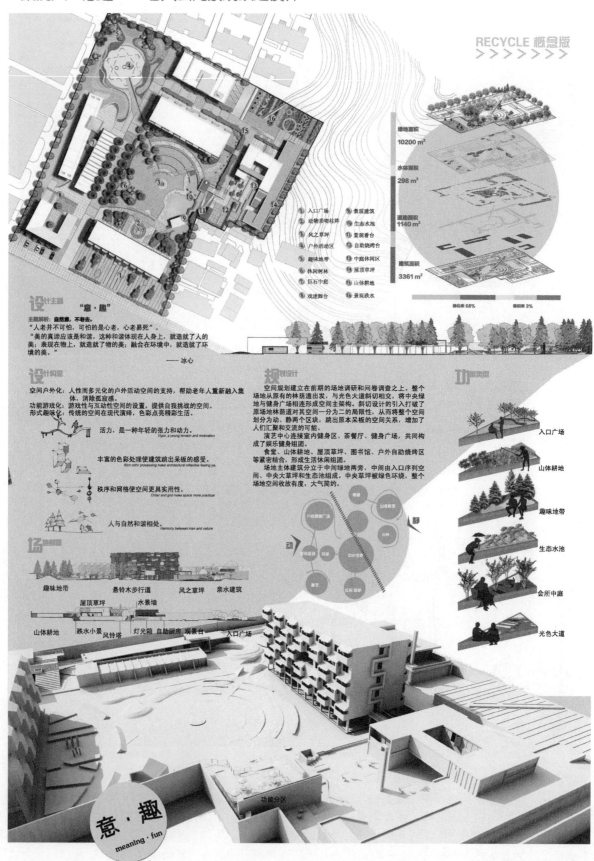

RECYCLE 概念版
>>>>>>>>

绿地面积
10200 m²

水体面积
298 m²

道路面积
1140 m²

建筑面积
3361 m²

绿化率 68%　　容积率 3%

① 入口广场　　　⑨ 景观建筑
② 动物索物柱阵　⑩ 生态水池
③ 风之草坪　　　⑪ 景观看台
④ 户外活动区　　⑫ 自助烧烤台
⑤ 趣味地带　　　⑬ 中庭休闲区
⑥ 休闲树林　　　⑭ 屋顶草坪
⑦ 巨石中庭　　　⑮ 山体耕地
⑧ 戏迷舞台　　　⑯ 景观跌水

设计主题　"意·趣"

主题解析：**自然意，不老去。**

"人老并不可怕，可怕的是心老，心老易死"
"美的真谛应该是和谐。这种和谐体现在人身上，就造就了人的美；表现在物上，就造就了物的美；融合在环境中，就造就了环境的美。"
　　　　　　　　　　　　　——冰心

设计构思

空间户外化：人性而多元化的户外活动空间的支持，帮助老年人重新融入集体，消除孤寂感。
功能游戏化：游戏性与互动性空间的设置，提供自我挑战的空间。
形式趣味化：传统的空间在现代演绎，色彩点亮精彩生活。

活力，是一种年轻的张力和动力。
Vigor, a young tension and motivation

丰富的色彩处理使建筑跳出呆板的感受。
Rich color processing make architectural infexible feeling ya.

秩序和网格使空间更具实用性。
Order and grid make space more practical

人与自然和谐相处。
Harmony between man and nature

规划设计

空间规划建立在前期的场地调研和问卷调查之上。整个场地从原有的林荫道出发，与光色大道斜切相交，将中央绿地与健身广场相连形成空间主架构。斜切设计的引入打破了原场地林荫道对其空间一分为二的局限性，从而将整个空间划分为动、静两个区块，跳出原本呆板的空间关系，增加了人们汇聚和交流的可能。
演艺中心连接室内健身区、茶餐厅、健身广场，共同构成了娱乐健身组团。
食堂、山体耕地、屋顶草坪、图书馆、户外自助烧烤区等紧密结合，形成生活休闲组团。
场地主体建筑分立于中间绿地两旁，中间由入口序列空间、中央大草坪和生态池组成。中央草坪被绿色环绕，整个场地空间收放有度，大气简约。

静　动

场地剖面

趣味地带　　悬铃木步行道　　风之草坪　　亲水建筑
屋顶草坪　　水景墙
山体耕地　跌水小景　风铃塔　灯光箱　自助厨房　观景台　入口广场

功能类型

入口广场

山体耕地

趣味地带

生态水池

会所中庭

光色大道

功能分区

意·趣
meaning · fun

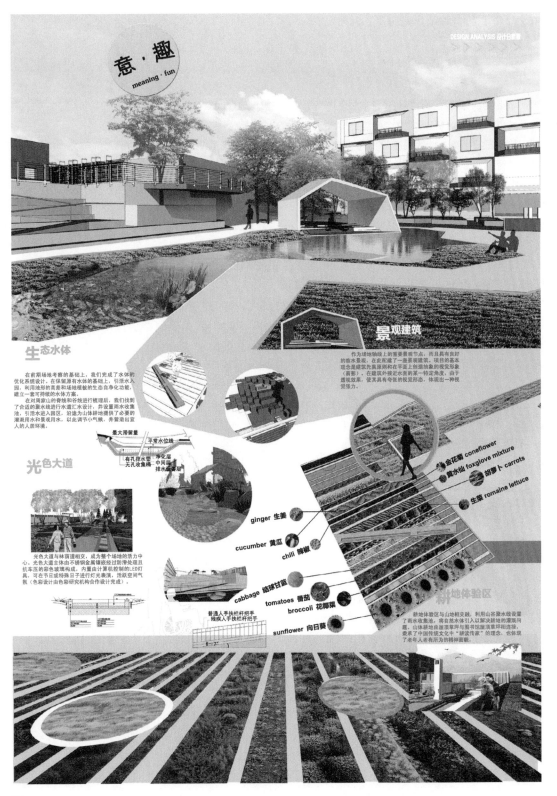

评语:

方案以"自然意,不老趣"为主题,通过现代活泼的造型描绘出田园牧歌式的恬静生活。景观规划尊重原有场地,适当梳理地形,并注重给老人创造情趣空间和活力场所,营造山水意境。作品处处体现人文关怀,强调家的温馨和无障碍设计,以人为本。特别是本设计打破常规,空间上强调趣味性和挑战自我的能力,从另一个角度为老年人的生活增添了一抹亮色,这一点十分难得。

参 考 文 献

[1] 段汉明. 城市美学与景观设计概论[M]. 北京：高等教育出版社，2008.

[2] 邹德慈. 城市设计概论[M]. 北京：中国建筑工业出版社，2003.

[3] 王向荣，林箐，蒙小英. 北欧国家的现代景观[M]. 北京：中国建筑工业出版社，2007.

[4] 王向荣，林箐. 西方现代景观设计的理论与实践[M]. 北京：中国建筑工业出版社，2002.

[5] 日本土木学会. 道路景观设计[M]. 章俊华，陆伟，雷芸，译. 北京：中国建筑工业出版社，2003.

[6] 李铮生. 城市园林绿地规划与设计[M]. 2版. 北京：中国建筑工业出版社，2008.

[7] 理查德·P多贝尔. 校园景观——功能·形式·实例[M]. 北京世纪英闻翻译有限公司，译. 北京：中国水利水电出版社 2006.

[8] 胡佳，邱海平. 景观设计·居住小区[M]. 杭州：浙江人民美术出版社，2010.

[9] 文增. 城市广场设计[M]. 沈阳：辽宁美术出版社，2005.

[10] 刘滨谊. 城市滨水区景观规划设计[M]. 南京：东南大学出版社，2006.

[11] 张吉祥. 园林植物种植设计[M]. 北京：中国建筑工业出版社，2001.

[12] 李德华. 城市规划原理[M]. 3版. 北京：中国建筑工业出版社，2001.

[13] 伊丽莎白·巴洛·罗杰斯. 世界景观设计[M]. 北京：中国林业出版社，2005.

[14] 张建涛，卫红. 城市景观设计——理论、方法与实践[M]. 北京：中国水利水电出版社，2008.

[15] 王颖. Afrikaanderplein广场[J]. 景观设计，2012（2）.